21世纪全国高等院校艺术设计系列实用规划教材

产品设计基础

张君丽 编著

北京大学出版社
PEKING UNIVERSITY PRESS

内 容 简 介

本书包括认知产品设计、产品设计思维、产品设计观、产品设计基础之功能、产品设计基础之形态及产品设计基础之材料6部分内容。本书着重以优秀范例和设计创造的一般规律为基础，深入浅出地把设计中的感性和理性的不同作用，通过"功能基础""形态基础""材料基础"三个主干章节中的课程实践案例来初步阐释，并分别通过具体范例说明产品的形式、功能、材料、工艺、结构之间互相关联、互相制约的关系。本书设计理论与教学实践并重，以由浅入深的训练方法培养学生的造型能力、思考能力、创新能力、实践能力。

本书可作为高等院校产品设计、工业设计等专业的教材，也可作为设计爱好者和从业人员的自学参考用书。

图书在版编目（CIP）数据

产品设计基础/张君丽编著. —北京：北京大学出版社，2014.6

（21世纪全国高等院校艺术设计系列实用规划教材）

ISBN 978-7-301-24126-4

I. ①产… II. ①张… III. ①产品设计—高等学校—教材 IV. ①TB472

中国版本图书馆CIP数据核字（2014）第 072563 号

书　　　　名：产品设计基础
著作责任者：张君丽　编著
策划编辑：孙　明
责任编辑：孙　明
标准书号：ISBN 978-7-301-24126-4/J · 0576
出版发行：北京大学出版社
地　　　　址：北京市海淀区成府路 205 号100871
网　　　　址：http://www.pup.cn　　　新浪官方微博：@北京大学出版社
电子信箱：pup_6@163.com
电　　　　话：邮购部 62752015　发行部 62750672　编辑部 62750667　出版部 62754962
印　刷　者：北京大学印刷厂
经　销　者：新华书店
　　　　　　　889毫米×1194毫米　　16 开本　　12 印张　368 千字
　　　　　　　2014 年 6 月第 1 版　2019 年 1 月第 4 次印刷
定　　　　价：55.00 元

前言

自从人类会制造工具，就开始了产品设计之旅。产品设计的任务是敏感、智慧地解决人类生产生活中出现的变化和问题，为人类创造便捷、宜人、富有情感的工具，使其生活进入美好的、平衡的状态。

优秀的产品是艺术与技术的完美结合。无论是一个极其微小的产品，还是一个极其庞大的产品，都是材料、工艺、结构、形态相融合的产物，都是致力于解决某种问题、提供某种功能、满足某种需求、传递某种感情的产品。

在产品设计和制造的过程中，会涉及如美学、材料、工程、心理、社会、行为、商业等学科知识，产品设计其实是一个很多学科知识交叉融合的过程。

参与、体验、同理心既是设计师了解用户的手段和方法，其实也是设计教学获得良好成果的重要手段。这些方法可能带来的最重要的作用之一就是教学内容变得更加有趣，而兴趣是最好的老师。当然我们的教学已不再纠结于观念、方法、技能，而是培养学习兴趣，帮助建立设计思维，提供广阔的视域，组建跨学科、跨专业的团队，这也成为当下设计教学最为热门的方式和内容。其实设计教学绝对不是跟随潮流热点，做出滞后的简单反应，而是如何建立起宽泛、正确、严谨的设计理念基础。如何传授给学生知识而不是信息，对于处于信息泛滥、易得时代的老师而言，也是值得研究的课题。信息和知识，是不是"鱼"与"渔"的关系？对于在校四年的学习而言，产品设计基础这门课程应该提供"渔"的核心技巧。

本书从设计观念、思维意识、功能组织、形态架构、材料工艺、表现技法等方面对初学者进行训练，结合大量优秀作品，全方位、系统地对产品的设计观、设计思维和设计实际进行了清晰而细致的讲解。关注感受，洞察生活，善于思考，好奇热情，发现问题，执著研究，简化流程，解决问题。在经过这样一个授予"渔"与获得"鱼"的过程中，让学生关注生活现象，以人为中心，围绕人—物—环境所构成的生活形态，多层次、多角度地展开研究，最终建立起发现问题、研究问题、解决问题的能力。Problem-based-learning，即基于问题的学习，是本书力图想要呈现的东西。

本书的编写充分体现了"培养未来的具有创新精神的产品设计师"的原则，注重对学生进行知识的理解与实践训练，重点培育学生的创造性思维能力和较强的设计实践能力。强调理论讲授、案例分析、市场调研、用户研究、课堂讨论以及方案汇报相结合的系统训练方式，增强学生的感性认识，调动学生参与教学活动的积极性，培养学生学会思考如何利用设计让生活、学习、工作、行为、思想甚至情绪、表情等变得有趣、有理、有据。

本书在编写过程中得到了武汉轻工大学广大师生的大力支持和帮助，胡娜娜、贺步癸、彭刚阳、顾一鸣、申锐等设计师为本书提供了大量设计案例和图片，在此表示衷心的感谢。由于编者的学术水平有限，本书可能存在一些不足之处，敬请读者批评指正。

张君丽

2014年3月22日

目 录

第1章　认知产品设计

我们已经无法生活在一个没有产品的空间，除非人类文明再次回到洪荒时代。

本章要求与目标

要求：学会观察和思考日常生活。

目标：强化观察和思考的作用，建立对设计、产品设计的基本认知；为后期设计创造思考方法和条件，建立酝酿新设计或者改进现存设计的思考方法。

本章教学框架

1.1　认知设计

1.2　产品设计概述

　　1.2.1　了解产品及产品设计

　　1.2.2　建立大产品的设计观

1.3　认知产品设计师

1.4　课程实践

本章引言

世界在百年间发生了极大的变化，在这剧烈的变化中，产品设计甚至设计的含义、内容、思考方法、实践范畴也深受影响，也发生了深刻的变化。我们如何在从传统走向未来、从物质走向非物质，从单一功能走向多感官体验的时代需求中成为一个设计师？首先要做的就是认知设计。

1.1 认知设计

认知产品设计，首先要了解设计。

什么是设计，这是一个被问过无数次和被回答过无数次的问题，而且也没有一个标准的答案在那里。我们所谓的"设计"即"Design"，包含了"计划""目标"和"绘图"的概念。现代汉语词典将"设计"解释为"在正式做某项工作之前，根据一定的目的要求，预先制定方法、图样等"。包豪斯有名的现代设计大师莫霍利·纳基（Moholy Nagy）曾指出："设计并不是对制品表面的装饰，而是以某一目的为基础，将社会的、人类的、经济的、技术的、艺术的、心理的多种因素综合起来，使其能纳入工业生产的轨道，对制品的这种构思和计划技术即设计。"柳冠中老师说："设计是创造一种更为合理的生活方式……是在限制上实现目标。"可以看出，在各种答案里面，其共同的核心是：设计是人类一种有目的的创造性活动。这个共同的核心提醒我们，一个设计行为具有三个特征：一是设计的目的性；二是设计的特质即创造性；三是设计的实施者和设计行为的受众即人。

设计的目的，笼统来说，就是"让人们的生活更美好"，设计的本质是实事求是地解决问题，帮助建立更美好的生活。但是，必须要明白的是，美好不是奢侈，不是无止境的消费，而是合理、节制。我们的世界、我们的社会、我们的生产、生活中存在着各种各样的问题，而设计，其存在的根本意义，就在于创造性地解决这些问题，引领一种更恰当的生存、生活方式。因此设计不仅仅是技术层面的画一张图、设计一个机器、推出一个新型的实体产品，设计更应该是提出新的流程、服务、互动、娱乐模式、交流与合作的方式等战略层面的思考方式。设计的结果并不一定意味着某个固定的产品，它也可以是一种方法，一种程序，一种制度或一种服务。

大多数的设计结果是可以看得见的，可以感知的，设计也可以理解为："设计就在你身边，每一件人造物都是经过有意识或无意识的设计的。"这些人造物，都是源于人的需求而设计制造。这些需求由外在显性逐步向内在隐性转化，变得越来越复杂，因此设计也开始改变，从设计物品，到成为一种新的思维方式，一种新的认知世界、探索世界的方式，一种给人类生活带来健康、和谐关系的思维方式。或者，我们可以把设计理解为一种沟通方式。一种沟通人与自然、人与人、人与机器、机器与机器、机器与环境之间关系的有效工具。设计的存在，就是为了解决这些关系之间的问题，力图营造一个和谐的状态（见图1.1）。

从包豪斯到乔布斯，从人类开始进入蒸汽时代的第一次工业革命，到人类进入电气时代的

图1.1　设计就是一种沟通人与自然、人与人、人与机器、机器与机器、机器与环境之间的方式

第二次工业革命，到现在正在兴起的第三次工业革命，移动互联网、云计算带来全新的世界。设计也应该随着时代、科技的变化而变化。我们如何在包豪斯代表的功能主义，乔布斯代表的体验设计的基础上，运用设计思维，以服务设计的观念将设计资源与云端运算、人工智能相结合，创造全新的设计环境与思维是深具挑战性的工作（见图1.2）。

图1.2　设计发展的三个阶段

1.2 产品设计概述

1.2.1 了解产品及产品设计

要认知产品设计，首先要了解什么是产品。

"产品"在现代汉语词典中的解释为"生产出来的物品"。从这个概念来看，人类在任何时期生产出来的物品都是产品，很显然，它的范畴要远远大于我们通常狭义理解的工业革命后的工业产品。虽然产品设计是工业革命后才出现的一个名词，也是在此之后才走向职业化、系统化，但此前的木匠、泥匠、铁匠、裁缝等各种手工艺人一直在用他们的劳动和智慧创造、生产产品，改造人类的生活。我们在此强调产品或产品设计与人类制物起源同步，是因为古往今来，人们对待产品的核心期许并没有改变，那就是"物以致用"，追求"物"即产品的功用，其目的是为了满足人们的需求，所以广义的产品是"可以满足人们需求的载体"。人们的需求可能是物质上的，也可能是精神上的，因此产品包括有形的物品、无形的服务、组织、观念或它们的组合。

和前面探讨的设计一样，产品设计就是为了满足人类的需求而提出的创造性的解决方案，其本质还是解决问题，解决人类生产、生活系统中的各种问题。用创新性产品设计的思路解决人与自然环境相处时产生的各种问题，解决人与人造物之间的各种问题，解决人与人以及整个社会系统之间的各种问题。

只是我们处在一个大工业或者后工业时代，在这个时代中，一切的思考和设计都被打上"工业"的烙印，正如手工艺时代一切创造和制作都被打上"手工"的烙印一样。工业设计是工业时代一切设计活动的观念、机制、方法和评价思路。区别于产品，工业产品是批量生产的物品。因此具体到某个物质产品的设计时，必须符合工业化社会批量生产的要求。设计关注人，关注创造性，关注目的，工业产品设计除了关注这些以外，还必须关注是否能达到批量生产的要求，因此，还要关注机器、材料、工艺和技术。

因此，工业时代的产品设计研究人与机器、人与环境、机器与环境之间的关系，关注并解决工业时代资源、环境、技术、人际关系、人类与其他物种之间的关系等人类在工业社会中面临的各种问题，从安全到健康，从大环境到小社区，从制造业到服务业，从一流的产品到一流的服务，从为10%的富人到为90%的普通人服务，通过设计使产品的功能、结构、形态、色彩及环境条件等更合理地结合在一起，满足人们物质及精神的需求，引导工业时代人类走向更健康、更合理的生活状态。很显然，对设计从业者而言，这是一个宏大的设计使命，甚至感觉超越了设计的工作范围，是的，设计的范畴正在变大，面临的挑战是要跨学科、跨领域的解决问题，特别是在知识信息飞速发展的时代。因此，首先，我们再次强调作为工业设计师需要建立大产品、大设计的产品设计观，除此以外，我们要习惯与多个专业的人员在一种开放互动的环境中共同工作，协同发展。

1.2.2 建立大产品的设计观

虽然在此阶段去谈论产品系统设计显得为时过早，但是建立从源头看待设计的观点，建立大产品的观念，对于我们的学习而言，还是非常重要的。

下面以这两年国际国内城市兴起的公共自行车系统的设计为例，来说明产品是什么，是怎么诞生的，什么是大产品，什么是小产品。特别在此说明，所谓的大产品，并非是指产品体积的大小，也不是指商业设计利润的大小，而是指从大范围内着眼去看待产品设计，从设计的源头，设计的原点，从为什么做设计的角度去认知产品设计。

为了解决交通拥堵、空气污染的问题，现在很多城市兴起了公共自行车。解决交通问题的途径有很多，比如大力发展公共交通，修建轨道交通，实行公交优先、公交专用车道等许多途径，那么有人想到发展公共自行车租用系统的方法，从提出这个想法开始，产品设计实际上已经开始了（见图1.3和图1.4）。

我们把从现在开始的整个公共自行车租赁运作系统的设计叫做一个大产品。

很显然，设计的着眼点在于为解决交通拥堵提出一个新的解决方法，包括一种解决问题的方式，包括一种思考问题的思路，包括一种服务方式，当然也包括一个具体的小产品那就是自行车、停车系统和租用系统的具体设备。

很显然，具体的公共自行车究竟是什么样子，还没有考虑，也并不重要。只有在这种解决方式已经完整、确定了之后，接下来才是自行车本身的设计问题，当然有很多种自行车可能的样子，但是，自助租用自行车解决交通的模式却相对单一，我们后来不断做的，就是逐步完善这个自助租用系统。

因此，产品设计不仅仅指具体某个产品的外观设计或者功能设计，在当下，产品设计其实是一种思考方法，一种对待生活、器物、人际关系、信息、社会文化的态度，以及由此态度引发的设计思考和设计实践。

图1.3 在2010年哥本哈根举办的国际气候会议中，苏黎世建筑设计师拉斐尔·施密特提出一项新的自行车共享系统方案，施密特力图扩展自行车共享系统的功能，在这个方案中，自行车共享系统不只是运输体系，还为它的用户和城市添加了额外的价值。自行车成为城市的一个组成部分，并具有交换实体信息的功能，设计师设计了一种基于互联网的平台，这个平台可以分析不同的需求和可能发生的冲突，来管理他们的每个订单，并即时显示他们的处境和地理位置。同时，设计还考虑到使用者的隐私保护问题。为了提高自行车的使用率，从现在的37％增加到2015年的50％，约25000辆自行车已被纳入城市；这些自行车将需要至少20000平方米的存储空间；设计师关注到了超载的广场、街道。为了减少"视觉污染"，设计师设计了多通道的、立体的停车系统。自行车的停车轨道嵌入在地面下；当自行车接触到停车轨道的时候，轨道就会将自行车慢慢地往后移动，直至卡在轨道上。地面、墙面以及路灯都可以设计成停车位，任何地方都可以停车，不会出现一排一排车子停在路边的样子

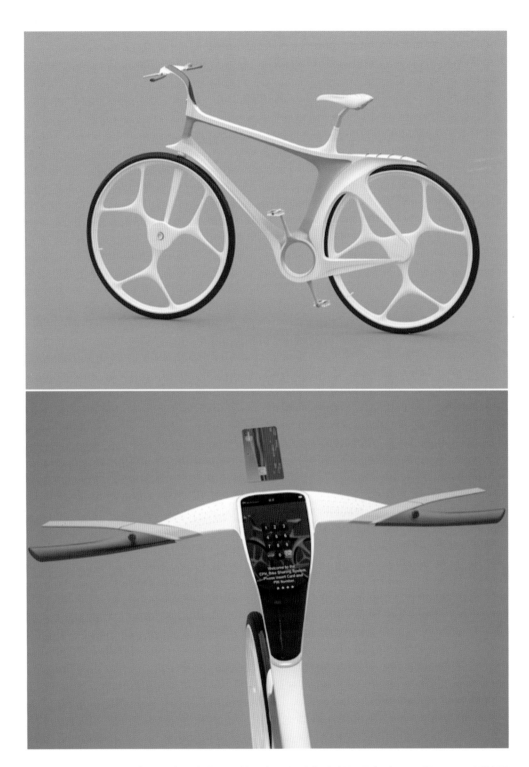

图1.4　每隔300米就会有一个共享站，系统内每一辆自行车都配备加速GPS和W-LAN跟踪系统，既解决了自行车的定位问题，还解决了车主身份认证的问题。插卡之后上网、听音乐、用导航，为不熟悉当地路线的游客提供了很好的服务。市民可以通过短信得知附近有哪些自行车可以使用，并且通过预订，共享站可以为市民预留自行车位30分钟。而且OPENbike的自行车都是使用可再生原料生产，不会增加环境负担

1.3 认知产品设计师

从事产品设计的人，被称为产品设计师。

如何才能成为一个产品设计师呢？换言之，要具备怎样的能力，要付出怎样的努力，才能成为一个优秀的产品设计师呢？不同的机构，不同的专家，不同的时代会有不同的答案，但是共通的要求是存在的。这些要求，是成长为一个优秀产品设计师应该努力的方向。

有人这样描述过工业产品设计师：30%科学家+30%的艺术家+10%的诗人+10%的商人+10%的推销员+10%的事业家。这幽默有趣的描述揭示了一个完美的产品设计师应该具备的一些素质：理智严谨的分析能力、不懈的探究精神、狂热的激情、浪漫的想象力、精明的商业头脑、敏锐的市场感知力、对消费者的关注习惯、高度的创新力、坚韧不拔的事业精神。

当然一个产品设计师不是无所不能的人，但产品设计确实对设计师要求良多。IDEO的首席执行官Tim Brown说，设计师要将每一个问题——从成人文盲到全球变暖，都看做是设计问题。要什么样的知识结构才能完成这样的设计任务呢?因为产品设计是这样一个跨学科、综合而边缘的领域，想要解决人们生活中的那么多种问题，因此，解决问题的能力，是产品设计师最需具备的能力（见图1.5）。可是解决问题的能力是那么抽象和难以描述，它是创新能力、人文素养的综合，我们把这种能力分解、转化为以下方面的能力要求，具备这些能力之后，综合转化为解决问题的能力。

1. 认识和思考世界的能力

对设计师而言，广阔的视野、良好的阅读习惯、独立的学习能力、敏锐的观察和感知力、对生活的高度热情是获得认知和思考世界的重要手段，是看到生活需求的方法，是提出更合适、更好方式的来源。由于文化背景、教育程度、职业、年龄、信仰等方面的不同，每个群体的生存方式都各有不同。因此，对于设计师而言，更重要的是要认知他人，关心他人，换位思考，关注弱势群体，这些不仅仅是道德的体现，也是发现问题、培养创新能力的重要途径。

2. 文化素养

很显然，多学科、合理的知识结构，一定的文化素养、艺术修养、审美经验，是一个优秀的产品设计师必备的素质。工业产品设计师不但要有过硬的专业素养，还要了解社会学、市场学、心理学、行为科学、商业，了解人类发展史上艺术与技术的发展历程，了解新材料、新工艺对社会和生产的影响。同时设计师要具有一定的美学修养，要能为人们提供真实的美的东西。

3. 团队协作能力

我们处在一个"人"与"物"双重觉醒的时代。社会学、人类学的蓬勃发展刚刚促使我们开始深入思考和关注人类需求，技术的进步就让我们的世界无处不在的充满传感器和控制装置，我们工作的对象不仅仅是实体的物质，信息以及信息架构、组织系统架构和服务都成为"物"，"物"被赋予了更深刻的社会意义和社会价值，我们把它称为"非物质设计"。科学与技术、人与自然、商业与艺术共同构成新时代设计师的工作命题。

而要完成这样复杂和宏大的命题，仅仅靠个人是不够的。作为一个整体，"我们"比任何个体都要聪明。特别是工业设计这样的工作，尤其需要协作。善于与其他领域的人共处并吸纳他人完成设计作业成为产品设计师必要的素养。设计行为也越来越多的成为聚合设计师和其他领域的人员的过程。

4. 创造性解决问题的能力

创造性解决问题的能力是一个综合的能力，特别是在创新设计集成了文化艺术创新、科学技术创新、用户服务创新、产业模式创新的今天，人们对设计师的创新能力提出了更高的要求。创新能力不是平白无故的灵感，是丰富的知识积累和生活体验，是不断的观察和持续思考的结果。

5. 专业表达能力

最后是设计师的专业表达能力，它包括用手绘和计算机绘制草图、效果图、六视图，用模型表现产品的能力，用合适的形态表达产品功能的能力，与消费者以及客户良好沟通的能力。

图1.5 设计能力

1.4　课程实践

任务

（1）从自身生活实际出发，归纳设计的含义，以图形+文字的形式表达出来。

（2）以图形+文字的方式列举你日常生活中遇到的困扰，到现在为止，你解决了吗？如果解决，你是怎样解决的，如果没有，是什么原因？

（3）回忆你的生活，以图形+文字的方式列举你的朋友或者家人曾经遇到的困惑，你有什么方法帮他们解决？

（4）以图形+文字的方式，描述出你想去而还没有去的你所在城市的一个地方，然后去探寻，重新以图形+文字的方式描述它，它与你的想象是否吻合，如果不是，哪些不是，为什么？

目标

（1）学会观察和思考日常生活，强化观察和思考的作用，引导好奇心的产生。
（2）帮助建立对设计及设计师的基本认知。

预期效果

（1）用自己的眼睛观察，用自己的心思考，发现真实生活的另一面。
（2）为后期设计创造基础思考方法和条件。
（3）建立酝酿新设计或者改进现存设计的思考方法。
（4）学会基本的总结和表达。

效果反馈

这次课题，同学们从自身生活实际出发，去探寻一个地方，要求用自己的眼睛观察，用自己的心思考，发现真实生活的另一面，建立酝酿新设计或者改进现存设计的思考方法。胡娜娜同学是个猫迷，她探寻了武汉市爱咪小屋，并根据对猫猫的细致观察，发现猫猫生存中的一些问题，提交了自己的设计方案（见图1.6～图1.8）。

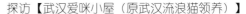

探访【武汉爱咪小屋（原武汉流浪猫领养）】

流浪猫救助小屋于2012年4月正式成立，致力于武汉地区流浪猫紧急救助、护理和领养。"我们拒绝流浪！拒绝虐待！希望你相信我们，就像我们相信你一样！"

我们提倡领养代替购买！给你找到适合的家庭伴侣，给它们物色合适的粑粑麻麻。

胡娜娜同学是一个猫迷，她去探访了这个机构。

去之前她是怎么想的？去之后她发现了什么？

基于这次探访，她做了两个与猫咪有关的设计。

探访之前的猜想：
恶劣的收养条件
举止怪异的猫狗

图1.6　真实情况下的猫屋：猫咪开心的玩耍、充沛的食物与用具、工具齐全的医药物品、完善的消毒、宽敞明亮的住宿环境、齐全的工具、营养鲜美的食物、细心的义工们为猫咪注射疫苗

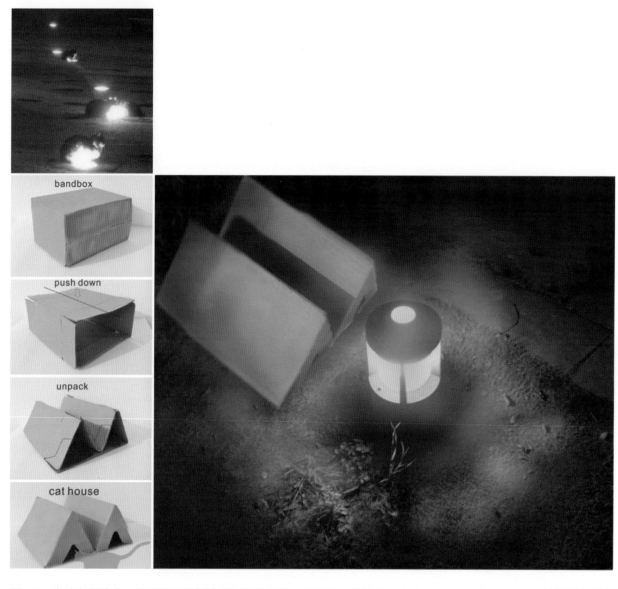

图1.7 在这次探访中，胡娜娜同学关注到了流浪猫的一些境遇，设计了cat house。cat house 是根据冬日流浪猫无法取暖居无定所的现状，将家庭中使用的瓦楞纸做一简单的处理，安置在公园地灯旁等有暖气的地方吸引猫咪，使其在严寒的冬日里有处可依

图1.8 The vioce of life 是针对冬日猫咪喜欢钻进刚刚停止走动且持有暖度的汽车轮胎夹缝中取暖，当汽车再次发动时仍不舍离去而造成一些不必要的悲剧的情况。The vioce of life运用超声波的原理，在车钥匙上装上这一功能，开启之前运用这一功能驱赶留恋的猫咪

第2章　产品设计思维

设计思维极其重要。当信息和科技变成人人唾手可得的商品时，设计思维就变得更加重要。

本章要求与目标

要求：认知并学会运用设计思维。

目标：基本理解抽象思维的方法；

学会分类、分析、归纳、综合、演绎；

学会处理资料和信息，进行创造性思考；

学会观察和洞察生活。

本章教学框架

2.1 认知设计思维

2.2 抽象思维

    2.2.1 分析

    2.2.2 归纳

    2.2.3 综合

    2.2.4 演绎

2.3 形象思维

    2.3.1 形象思维的训练方法——仿生

    2.3.2 联想

    2.3.3 想象法

2.4 创造性思维的特定方法

2.5 课程实践

本章引言

设计思维，不但指设计活动中的各种思维形式，更意味着以设计的方法解决各种问题的思维形式。设计思维的核心是创造性思维，它贯穿于整个设计活动的始终。具备了设计思维才能成为一个真正的设计师。

2.1 认知设计思维

我们通常把设计师在哲学和心理学上的理性概念，通过设计的表现形式得以实现的过程，称之为设计思维。

发现新问题或者以全新的方式解决问题是设计思维的典型特征，恰巧，这也是创造性思维的典型特征，因此，在某种程度上，设计思维就是创造性思维。

人们常常认为设计从业者像艺术家一样，伟大的设计是灵感乍现的结果。这当然是对设计行为和设计结果的误解，所谓的灵感乍现都是思维发散后持续思考的结果。认知设计思维的本质和形式，对于我们完成设计任务具有重要意义。

人类所有的造物活动，都是从思维到表现、从内在到外在的一个物化的过程。实际上，思维是一个哲学名词，我们处理信息及意识的活动就是一个思维过程，我们主观能动地对信息进行操作，如采集、传递、存储、提取、删除、对比、筛选、判别、排列、分类、变相、转形、整合、表达等活动就是我们思维的过程和结果。思维是内在的、抽象的、难以描述和难以捉摸的，但是它决定着我们外在的物化的表达。当我们不具备创造性思维能力的时候，我们就很难有创新性的表现，也就是说创造性思维决定创新能力。设计的发展史，在某种程度上，也可以说是一部创新思维发展史。因此，认知设计思维，学会创造性思维，培养创新能力，对于我们而言具有重要意义。

思维从基本形式上可分为抽象思维、形象思维两种形式。抽象思维又叫逻辑思维。

通常人们认为"科学家用逻辑来思考，而艺术家则用形象来思考"，另一种观点是假如自然是一枚硬币，科学和艺术就是这枚硬币的正面和反面，它的一面以感情来表达事物的永恒秩序，另一面则以思想表达事物的永恒秩序。这实际上是说艺术家的思维是形象的、感情的；而科学家的思维是抽象的、思想的。艺术、设计及其相关内容历来更愿意关注形象思维，似乎形象思维才更重要，这实在是一个偏见。

实际上，形象思维并不仅仅属于艺术家，它也是科学家进行科学发现和创造的一种重要的思维形式。抽象思维也不仅仅属于科学家，对于设计师而言，抽象思维也很重要。前面我们提到，一个产品设计师应该有30%的科学家的能力，任何一件产品的诞生都是形象思维与抽象思维共同作用下产生的结果，二者缺一不可，特别是现代产品设计越来越走向科学、系统的时候。设计思维实际上是一个抽象思维和形象思维反复作用，交织进行的结果。是信息处理、思维整理和思维输出的综合。

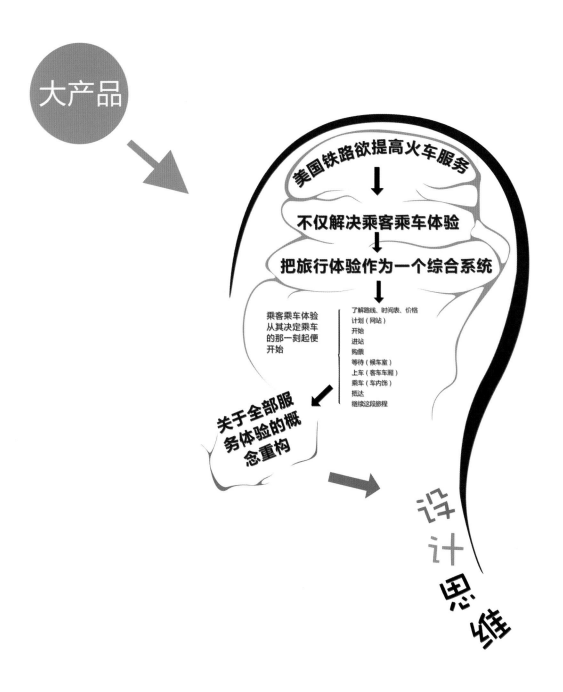

大产品

美国铁路欲提高火车服务

不仅解决乘客乘车体验

把旅行体验作为一个综合系统

乘客乘车体验
从其决定乘车
的那一刻起便
开始

了解路线、时间表、价格
计划（网站）
开始
进站
购票
等待（候车室）
上车（客车车厢）
乘车（车内饰）
抵达
继续这段旅程

关于全部服务体验的概念重构

设计思维

图2.1　设计思维在整个设计背景下展开，在系统的大环境下关注设计任务，把设计任务作为一个大产品来对待，关注设计目标的任何一个环节和细节

在具体的设计任务中，设计思维在整个设计背景下展开，在系统的大环境下关注设计任务，把设计任务作为一个大产品来对待，关注设计目标的任何一个环节和细节（见图2.1）。

设计思维是抽象思维和形象思维的综合，设计思维的过程，包括信息处理、思维整理、思维输出几个阶段。在这些过程中，抽象思维和形象思维交替作用，共同处理信息，分析设计目标，激荡想法，提交方案，完成设计任务。其中有很多节点，帮助我们形成日常设计中常用的流程和方法（见图2.2）。

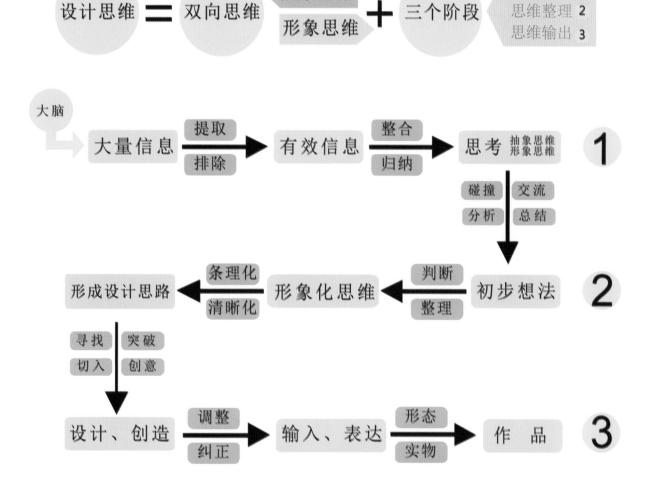

图2.2 设计思维节点分析

2.2　抽象思维

哲学上认为抽象思维是人们在认识活动中运用概念、判断、推理等思维形式，对客观现实进行间接的、概括的反映的过程，属于理性认识阶段。比如，我们把鲜美欲滴五颜六色的苹果、柑橘、香蕉、菠萝等抽象为"水果"，甚至是"植物的果实"；把千姿百态的大雁、海燕、仙鹤、天鹅等抽象为"飞禽"，甚至说"鸟纲"。这就是在对事物的本质属性进行分析、综合、比较的基础上，抽取出事物的本质属性，撇开其非本质属性，使认识从感性的具体进入抽象的规定，形成概念。只有穿透到事物的背后，暂时撇开偶然的、具体的、繁杂的、零散的事物的表象，在感觉所看不到的地方去抽取事物的本质和共性，形成概念，才具备了进一步推理、判断的条件。抽象思维的前提是对具象事物的分析。如图2.3所示，对客观具体物象如各种凳子、椅子进行分析，总结归纳其共同本质特征，形成概念"坐具"。

对于多学科、跨领域、综合性和边缘性的产品设计而言，日益面临越来越多的系统化的研究，抽象思维能力日益显示出其重要性。我们想要建立"设计思维""创新性思维"能力，重要的内容之一就是抽象思维能力，抽象思维渗透于一切创造过程中。抽象思维的过程与创新、创造过程密切相关，一切创造活动都是以抽象思维为基础的，并运用抽象思维对创造成果条理化、系统化、理论化。

分析、归纳、综合、演绎是完成抽象思维的重要方法。

椅子　木椅　木墩　沙发　竹椅　轮椅　凳子　旋转椅　皆是供人坐的坐具

图2.3　对客观具体物象如各种凳子、椅子进行分析，总结归纳其共同本质特征，形成概念"坐具"

2.2.1　分析

"分析"即是把事物分解为各个部分，分别加以考察，从而便于形成各个概念或便于确定概念间的关系的方法。分析中蕴含着比较，通过比较事物之间、现象之间或特征之间的相同点或不同点，找出同类事物、现象或特征间的共同本质，把一些具有普遍意义的特性从感性材料中抽取出来，形成关于对象的一般认识。通过比较、分析能更好地认识事物的本质，也可以让设计的目的更加明确。如图2.4所示的各种各样的工具，它们有着共同的特征：使用各种材料和原理，让我们不再寒冷。无论它们是使用电热，还是水热，它们都是取暖工具。

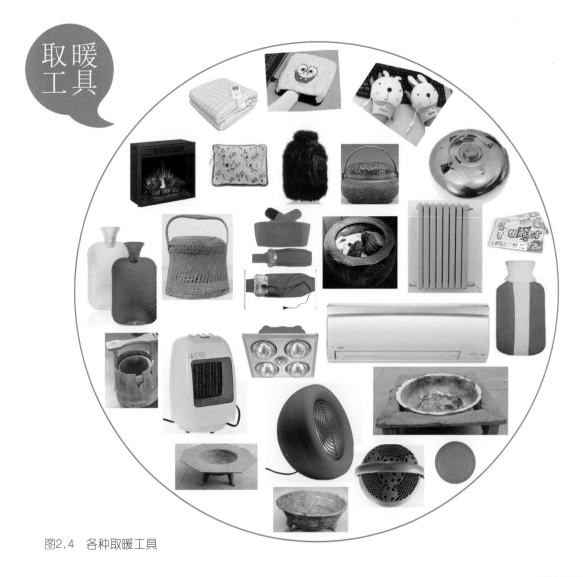

图2.4　各种取暖工具

2.2.2　归纳

"归纳"即是在分析的基础上，根据分析的结果，找出多个特殊性的具体事物的共同性和差异性的方法。根据事物的共同性与差异性就可以把事物分类，具有相同属性的事物归入一类，具有不同属性的事物归入不同的类。分类是分析、比较的后继过程。归纳是从个别事实推导出一般结论的思维方法，是思维从个别到一般的过程。

复杂性是创造性机会最可靠的来源。在各种混乱复杂的线索中找到某种模式与规律的能力，将零碎的部分整合成新想法的能力，是杰出的设计师必须具备的能力。

在设计活动中，分析就是初始的原始数据采集阶段，而归纳，则是从大量原始数据中总结出有意义模式的过程，将原始数据进行分类。如图2.5所示，我们以使用能源为标准对各种取暖工具进行归纳，发现取暖器可以归纳为电暖、水暖、火暖、太阳能暖等不同种类。

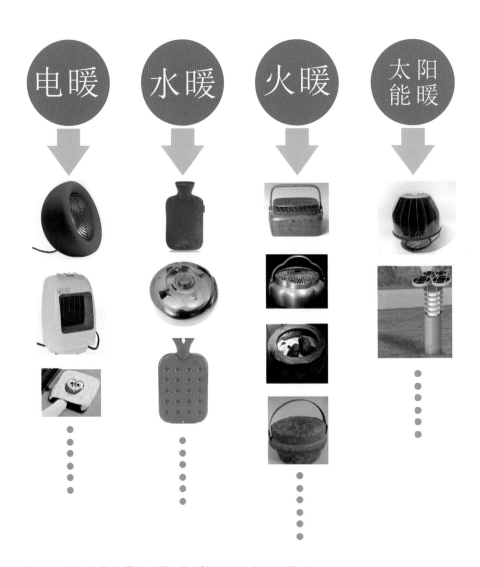

图2.5　根据使用能源的不同，取暖器可以分为以上种类

2.2.3 综合

"综合"即是在分析和归纳的基础上，把事物的各个部分用形成的各个概念分别代表，形成原来的整体事物的概念或确定各个部分的概念的关系的过程。分析与综合是对立统一的关系。没有分析，就难以认清对象的部分和细节，从而难以正确认识整体。因此，综合离不开分析。另一方面，由于部分不能离开整体，如果对整体没有一个正确的认识，分析也无法进行。因此，分析也离不开综合。

从设计或者设计活动进行的角度而言，分析和归纳还处于资料处理阶段。而综合，则开始对资料进行创造和新的思考。创造过程依赖于综合，即把各个部分整合在一起创造出完整想法的过程。

Tim Brown认为，综合在设计实践中是一个从大量原始数据中总结出有意义模式的过程，从根本上来说，是一项创造性活动。一旦原始资料被整合到前后一致、令人鼓舞的叙事中，更高层次的整合就开始发挥作用了。如图2.6所示，在综合了资料的基础上，能够比较容易地找到产品创新的方法。

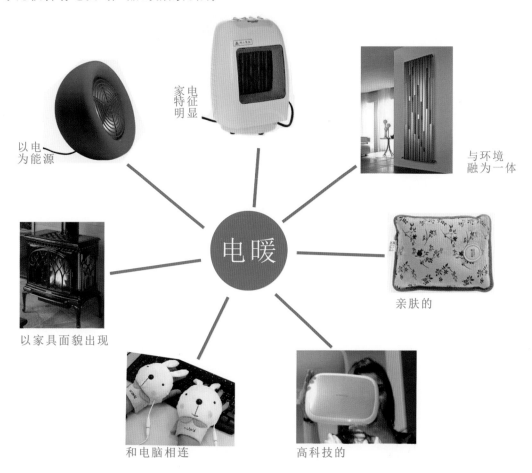

图2.6 从各种不同角度出发所进行的创新性取暖器设计

2.2.4 演绎

"演绎"即是从事物的一般性返回到事物的具体的个别性的方法，是从一般原理推出个别结论的思维方法，是思维从一般到个别的过程。从形式上来讲，演绎是发散的，是从事物的一般性即本质属性发散到个别性即各种可能的个性化的阶段。

演绎的方式之一是发散。在前期分析、归纳、综合的基础上，以一个基本概念为核心，思维向外呈现出多维发散状，将一切与核心概念有关的事物、现象和观点都表现出来，都联系起来。因此发散思维又称辐射思维、放射思维、扩散思维或求异思维。发散思维是创造性思维的重要途径，它根据一定的条件，对问题寻求各种不同的、独特的解决方法，具有开放性和开拓性。在尽可能短的时间内生成并表达出尽可能多的思维观念以及较快地适应、消化新的思想观念在设计中非常重要。发散思维呈现出速度快、数量多的特征。如图2.7所示，在前期资料分析、归纳、综合的基础上，取暖工具热水袋被演绎出多种创新型产品。有一些我们常常接触的词语，讲的就是这种思维方法，比如类比、转化、触类旁通、举一反三等。

时尚的外套、从触觉的温暖到视觉的温暖、温暖的针织材料，内有游动小鱼的热水袋（如果水太烫，小鱼会变成白色，当小鱼颜色为红色，就是最舒适的温度）、品质更高的橡胶材质及表面纹理

图2.7　德国热水袋品牌的多种创新型产品

逆向思维也是获得新想法的有效思维方式。逆向思维也叫求异思维，"反其道而思之"，从已知事物的相反方向进行思考，或者对照事物的缺点进行思考，树立新思想，创立新形象。

芬兰设计师Harri Koskinen设计的冰灯，利用冰块的形状来表现灯，表现照明和温暖，是一个逆向思维的典范。Harri Koskinen因为这个作品一举成名，当时他还只是赫尔辛基艺术设计大学的学生，拿着草图找到瑞典的Design House Stockholm公司，公司创办人Anders Fardig很喜欢这个方案，克服了很多技术上的问题生产出了这款灯具。这款产品充分展现了玻璃工艺、光线变化以及创意的完美融合，在冰块中呈现灯泡的温暖，强烈的对比，让人一眼难忘。如图2.8所示，这款灯由瑞典的Design House Stockholm生产。

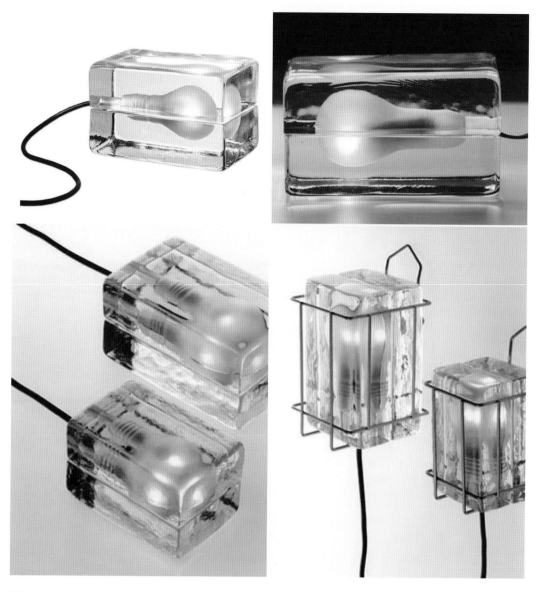

图2.8 芬兰设计师Harri Koskinen设计的冰灯

2.3 形象思维

形象思维是借助于具体形象来展开的思维过程，也称直感思维。是我们通常认为的艺术家、文学家式的思维形式，因此形象思维又被称为艺术思维。但设计不是艺术，设计师不是艺术家，设计师更需要像一个科学家，形象思维固然重要，但设计思维归根结底是抽象思维和形象思维共同作用的结果。

形象思维是通过感知形象，譬如视觉、听觉、触觉对外界的认知，进而对色彩、线条、形状、声音、结构、质感等表象进行分析、综合、分解、提取、整合其内涵属性关系，进行联想、想象和结构性的重构，创造出完整的全新艺术形态，并利用这种形象揭示事物的本质属性和事物的内涵结构关系的思维方法。

形象思维具有具体性、细节性、直观性、可感性、形象性、想象性、可描述性、情感性等特点。其表达的工具和手段是能为感官所感知的图形、图像、图式和形象性的符号。

形象性是形象思维最基本的特点。形象思维不像抽象思维那样，对信息的加工一步一步、首尾相接地、线性地进行，而是可以调用许多形象性材料，一下子综合在一起形成新的形象，或由一个形象跳跃到另一个形象。它对信息的加工过程不是系列加工，而是平行加工，是面性的或立体性的。它可以使思维主体迅速从整体上把握住问题。如图2.9和图2.10所示，从形象的事物出发，以形象的事物展现设计结果，是形象思维的典型特征。

图2.9 形象思维，从大蒜到吊灯

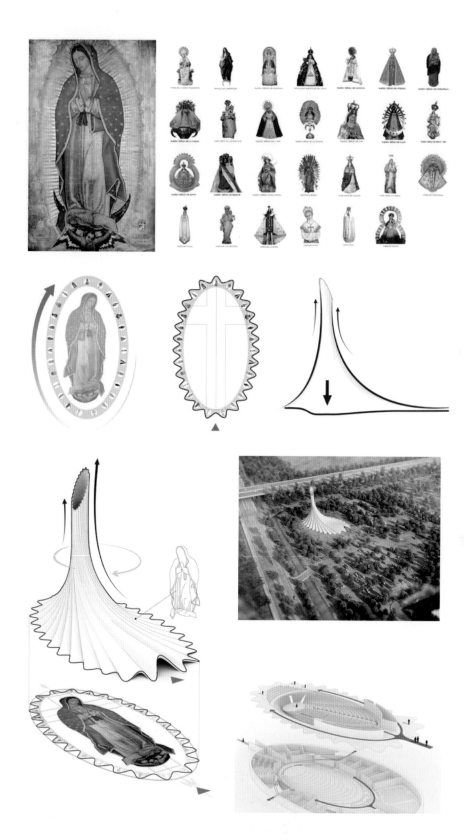

图2.10 圣女的百褶长裙——迈阿密天主教小礼拜堂

建筑的形态采用圣女的百褶裙的形态,建筑的平面图采用圣女像的光环的椭圆形,整个建筑的形态设计是一个典型的形象思维的结果。

2.3.1 形象思维的训练方法——仿生

大自然是最好的老师。仿生学主要是观察、研究和模拟自然界生物各种各样的特殊本领，包括生物本身色彩、纹样、结构、原理、行为、各种器官功能、体内的物理和化学过程、能量的供给、记忆与信息的传递方式，并以此为参照，在此基础之上加以变化，提供新的设计思想、工作原理和系统框架，产生新事物的方法被称为仿生设计。

德国设计师克拉尼（Luigi Colani）是仿生设计的代表人物，被认为是"21世纪的达·芬奇"。克拉尼学习过雕塑、空气动力学，这样的经历使他的设计具有空气动力学和仿生学的特点，表现出强烈的造型意识。克拉尼说："我所做的无非是模仿自然界向我们揭示的种种真实。""环保和仿生是我的设计特点，我设计的很多运输工具看似怪诞，但一定有着空气动力学的理论依据。比如我设计的地面交通工具，时速可以达到540公里，但非常平稳，因为我在这个设计中，运用了一个仿生学的原理。它像一个颠倒的鸟的翅膀。在正常的状态下，达到一定速度之后，在空气动力的作用下，鸟就会起飞，离开地面，但如果反过来，将它放在一个完全颠倒的状态下，虽然达到了这个速度，它仍然很平稳地在地面上奔跑，因为空气动力的作用不断将它压向地面。"克拉尼用他极富想象力的创作手法设计了大量的运输工具、家具、日常用品、时装、汽车、建筑、工艺品和家用电器。克拉尼曾先后为法拉利、保时捷、奔驰、宝马、兰博基尼、美国宇航局、日本佳能、索尼等数十家知名品牌做设计。如图2.11和图2.12所示。

1．形态仿生

形态仿生即是模拟自然界有生命的物体的形态，模拟其外在形态，或者在其外在形态的基础上，加以提炼概括，保留其形态的本质特征。形态仿生给人情趣性、可爱性、有机性、亲和性、自然性等情感体验，容易引起人们的情感共鸣。

图2.11 克拉尼设计的各种产品

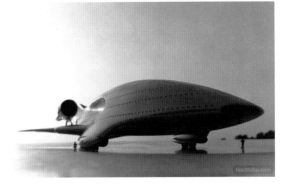

图2.12 克拉尼设计的地面和空中交通工具

2．肌理与质感的仿生

自然生物体的表面肌理与质感，不仅仅是一种触觉或者表面的现象，更代表某种内在的功能的需要，具有深层次的生命意义。对生物表面肌理与质感的仿生，要更加关注的是这种生命力内化的表现，而不是一味的仿造。如图2.13所示，设计师模拟小鹿的皮毛质感和纹理设计的家具，赋予了家具生命的气息。图2.14是日本设计师深泽直人的果味饮料包装设计，设计师没有用文字来说明包装内饮料的口味，而是通过植物皮肤肌理质感的方式来揭示饮料口味，直观明了。

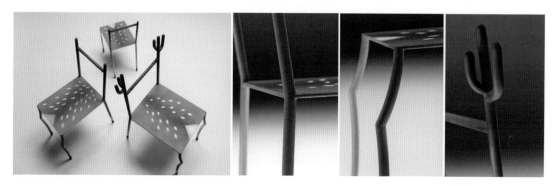

图2.13　这款座椅在造型上模仿了小鹿的形态，让人惊艳的是选择了模仿鹿角的有毛绒感的材质，让整张椅子一下子有了生动的表情

图2.14　深泽直人设计的果汁包装，简洁明了，模仿植物的皮肤，让消费者一眼就能看出盒子里面装的是什么果汁

3．结构仿生

生物结构是自然进化与选择的重要结果，是决定生命形式与种类的因素，具有鲜明的生命特征与意义。结构仿生设计通过对自然生物由内而外的结构特征的认知，结合不同产品功能进行设计创新，使人工产品具有自然生命的意义与美感特征。

魔鬼粘是一个典型的结构仿生设计。1941年的一天，瑞士人George de Mestral带着他的狗从一片灌木丛中穿过，出来之后他发现自己的裤腿上和狗的身上沾满了苍耳。在清除苍耳的过程中，George对苍耳的结构产生了极大的兴趣，通过使用显微镜观察，George发现，苍耳表面的天然小钩子可以勾上环状的织物和毛发。这一小小的发现让George兴奋不已，他觉得可以利用钩子和织物环组成一种双片的黏合材料，其中一片材料使用硬制的纤维模拟苍耳制作成钩子状，而另一片使用软制的纤维模拟裤子、狗毛制作成织物环。经过多次试验，最终他发明了现在在我们的生活中广泛应用的魔鬼粘（见图2.15）。

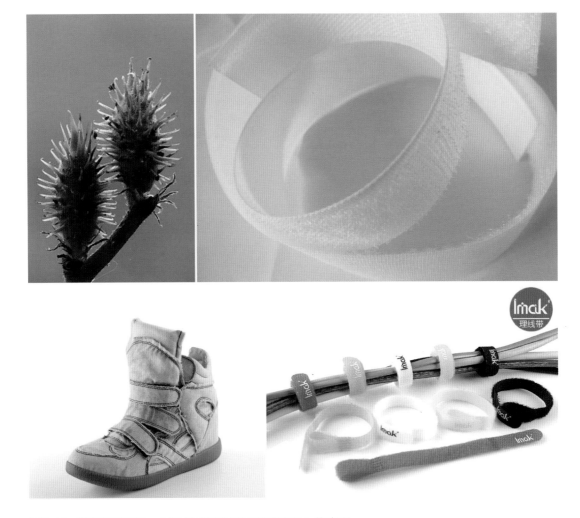

图2.15　苍耳与魔鬼粘，以及魔鬼粘在鞋子和理线带上的应用

4．功能仿生

功能仿生设计主要研究自然生物的客观功能原理与特征，从中得到启示以促进产品功能改进或新产品功能的开发。根据响尾蛇的颊窝能感觉到0.001℃的温度变化的原理，人类发明了跟踪追击的响尾蛇导弹。利用蛙跳的原理设计了蛤蟆夯。人类模仿警犬的高灵敏嗅觉制成了用于侦缉的"电子警犬"。科学家根据野猪的鼻子测毒的奇特本领制成了世界上第一批防毒面具。生物学家通过对蛛丝的研究制造出高级丝线、抗撕断裂降落伞与临时吊桥用的高强度缆索。船和潜艇来自人们对鱼类和海豚的模仿。火箭升空利用的是水母、墨鱼的反冲原理。科研人员通过研究变色龙的变色本领，为部队研发出了不少军事伪装装备。

如图2.16所示为美国设计师凯莱恩·考（Kaylene Kau）最新设计的一款模仿象鼻功能的仿生手臂，这款仿生手臂最大的特征是柔韧性设计，能拿起不同外形的物体，该仿生手臂还结合了马达转子和线缆，可帮助使用者在不同任务中控制盘卷力。可以让残疾人在无需任何援助下完成每天的工作和任务。

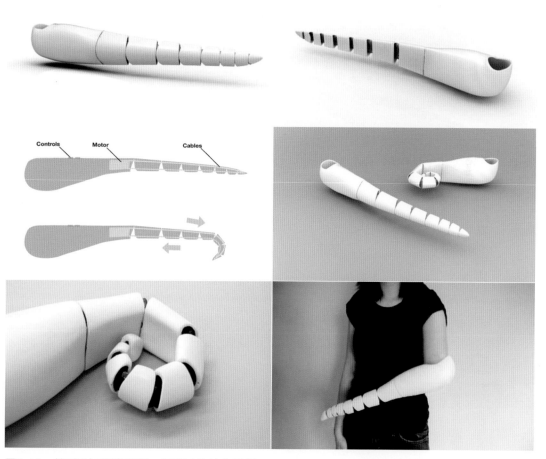

图2.16　美国设计师凯莱恩·考设计的仿生手臂

2.3.2 联想

"联想"即是通过一件事情的触发而想到其他事情上的思维方式。联想能够克服两个不同的概念在意义上的差距,并在另一种意义上把它们联结起来,并由此产生新颖的思想。联想是培养创造性思维的有效方法。爱迪生说:"在发明的道路上如果想有所成就,就要看我们是否有对各种思路进行联想和组合的能力。"

我们可能会因为一个事物外部构造、形状或某种状态与另一种事物的类同、近似而引发想象延伸或者连接,如看到鸟想到飞机,因为它们都能飞;看到蜡烛想到电灯,因为它们都发光等。这是因为联想物与刺激物之间存在某种共同的性质或特征。我们也可能因为同某一刺激物或环境产生相反性质事物的联想。如看到白发想到黑发;看到小物体便想到大物体;遇到热的刺激马上想到冷的滋味等。或者由刺激物想到同刺激有关联的事物。如看到运动员,可自然联想到运动场、练功房、裁判、记分牌、发令枪、起跑线等。或者看到某种东西而联想到产生这个东西的物件或者事情。这源于人们对事物发展变化结果的经验性判断和想象,触发物和联想物之间存在一定因果关系。如看到蚕蛹就想到飞蛾,看到鸡蛋就想到小鸡。图2.17是日本设计师村田智明的作品,无论是形态还是操作方式,都让我们联想到古老的蜡烛。这款名为"hono"的电子蜡烛获得2006年红点大奖。利用附带的"火柴"轻轻的摩擦于小孔的上下三厘米处,由上而下轻轻触碰滑落,hono便会被"点燃"。轻轻地对它吹气,火焰会变得晃晃悠悠。若是对它使劲一吹,它便像真正的火焰一样,立刻熄灭,而当你懊悔自己的鲁莽,考虑重新拾起火柴的瞬间,hono又会自动"点燃"。图2.18和图2.19也是以联想的方式设计的典型案例。

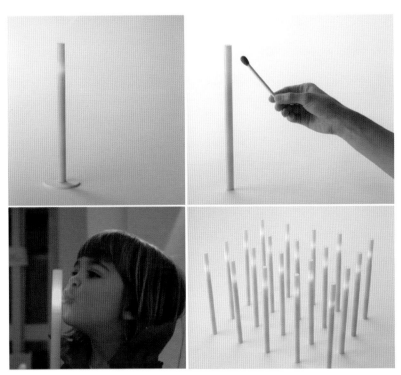

图2.17　村田智明设计的
电子蜡烛

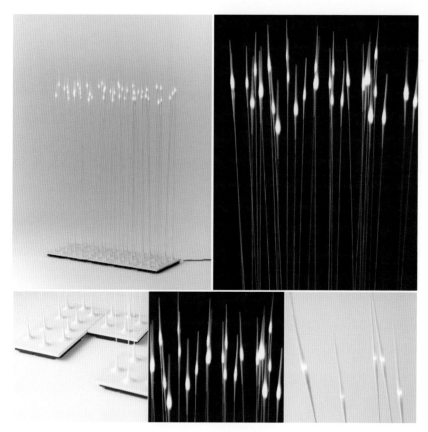

图2.18　村田智明的一款灯具设计。让我们联想到中国的芦苇。设计师从日本一种pampas草得到灵感，设计了这款光线幽幽、纤细的、敏感的、摇曳的灯具，设计师认为真正的设计不光是取悦眼睛与身体，而是直透心灵，给予心灵抚慰、鼓舞、希望与力量

图2.19　Kyle Bean，英国艺术家、设计师，擅长制作手工实物模型，他能使用硬质纸、铅笔末、鸡蛋壳等我们经常看到的材料，创造出令人叫绝的手工艺品。他的客户包括《Wired》、《时代周刊》、BBC、Hermes等，他的作品往往巧妙地贴合杂志文章的主题，却又颇具视觉性，体现出原创的摄影，原创的产品和优质的味道。此图为设计师用这种方式表达蛋与鸡的关系

2.3.3 想象法

"想象"即是在脑中抛开某事物的实际情况，而构成深刻反映该事物本质的简单化、理想化的形象。直接想象是现代科学研究中广泛运用的进行思想实验的主要手段。亚里士多德说："想象是发明、发现等一切创造性活动的源泉。"

图2.20是设计师John Brauer的充满想象力的作品"IllusionTable"，就像一张悬浮在空中的桌布，梦幻般地呈现在眼前，似乎有神奇的魔法让它站在那里一般。图2.21是设计师Valentina Glez Wolhers设计的幽灵椅（The Ghost of a Chair），将虚无的幽灵幽默地表现出来，同样充满了想象力。

图2.22是日本设计工作室h220430设计的一款名为"BALLOON BENCH"的气球长板凳。神奇的红色气球悬挂着一条舒服的板凳，其实在漂亮的红色气球里面暗藏着一个与屋顶相固定的锚点，从而给人产生一种悬浮的神奇错觉。更为惊喜的是，每个红色气球还是一盏漂亮的灯。艺术因奇幻的想象力而更加美好。

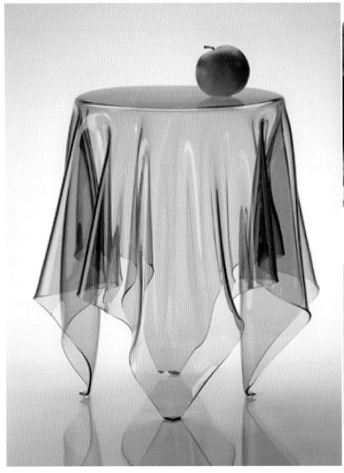

图2.21　充满想象力的设计
——幽灵椅

图2.20　充满想象力的设计——IllusionTable　　　　图2.22　气球长板凳

2.4　创造性思维的特定方法

事实上，我们的思维活动并不是一个严格的顺序、条理的过程，在我们的头脑中，在我们思考问题的时候，也并不是泾渭分明地进行着抽象思维或者形象思维，相反，这两种思维方式是混合进行的，只是有些人偏于某种思维形式而已。

在设计的过程中，有时候我们也会在形象思维和抽象思维的基础上，打乱思维的枯燥名称，进行一些有趣的实验，这些实验经过在很多系统内的运用检验，已经被很多领域视为有效的方法。头脑风暴就是我们进行创造性思维活动时常进行的实验。

为了获得更多的对于课题或目标的想法，有时候，我们会采用头脑风暴法来打开我们的思维。头脑风暴是一种迅速获得大量想法，在他人想法基础上思考并提交新想法的会议方法。是获得大量新想法的有效方法，也是被设计机构推崇和广泛采用的方法。头脑风暴可以看做是一种分析和演绎并存的思维方式，但它并不限于抽象思维，它是一种综合的思维发散方式。头脑风暴提供了一种有效的就特定主题集中注意力与思想进行创造性沟通的方式。

1．*明确的会议主题*

任何思考都应该是基于一定目的的，明确的会议主题会告知与会者在会议时间内要解决的根本问题，有助于思维的展开。

2．*必要的会议规则*

必要的会议规则避免头脑风暴会议沦为一般会议。IDEO的头脑风暴专用会议室的墙上写着这样的规则：暂缓评论、异想天开、不要跑题、一次一人发言、图文并茂、多多益善。这确实是进行头脑风暴很重要的规则。参加会议的每个人都要抓紧时间多思考，多提设想。不要去考虑设想的质量问题，留到会后的设想处理阶段去解决。设想的质量和数量密切相关，产生的设想越多，其中的创造性设想就可能越多。

3．*合适的小组人数*

一般来说，5~10人为一个小组，当然可以根据实际情况来调整。

4．*通常的会议形式*

头脑风暴会议时间一般控制在40分钟到1小时左右，会议需设主持人一名，注意主持人只主持会议，对设想不作评论。设记录员1~2人，要求认真将与会者的每一个设想不论好坏都完整地记录下来。与会者要做到畅所欲言，互相启发和激励，禁止批评和评论别人的想法，会议目标集中，追求设想数量，越多越好。会议鼓励巧妙地利用和改善他人的设想，每个与会者都要从他人的设想中激励自己，从中得到启示，或补充他人的设想，或将他人的若干设想综合起来提出新的设想等。

5．必要的会后整理

头脑风暴之后能获得大量与主题有关的设想，对于设计项目而言，这只是其中一个小的环节，更重要的是对已获得的设想进行整理、分析，以便选出有价值的创造性设想来加以开发实施。

有时候，我们为了更好地刺激头脑，让大脑更好地和我们所思考的任务或者课题结合，需要一个能够给我们带来创造性思维的设计思维空间，也就是说一个区别于普通工作环境的工作环境。在这个空间中，累积所有的研究资料、照片、故事板、概念、模型，随时可见，随时可用。头脑风暴中产生的各种想法，每次思维留下的痕迹，有关项目的所有资料，这些都有助于促进设计思维和创造性整合的产生。事实上每个设计公司也正是这样在营造催生设计思维的真实空间（见图2.23）。

图2.23　北京品物顾问机构做产品头脑风暴之后的资料研究与分析情景

2.5　课程实践

任务一

（1）以图形+文字的方式列举出所有你喜欢的物品，并对你最喜欢的物品进行分析，归纳其特征。

（2）以图形+文字的方式列举出你不喜欢的物品，并对你不喜欢的物作品进行分析，归纳其特征。

（3）根据你所喜欢的物品的特征，进行演绎，尝试设计一个新的你喜欢的东西。

（4）根据你所不喜欢的物品的特征和你喜欢的物品的特征，进行演绎，尝试把你不喜欢的东西改造成一个你喜欢的东西。

目标

（1）学会分类、分析，学会用抽象思维的方法思考问题。
（2）加强个人体验，引导学生建立对自己的认知。
（3）帮助建立归纳、综合、演绎等创造性思维能力。

预期效果

（1）基本理解抽象思维方法，学会分析事物。
（2）学会处理资料和信息。
（3）学会在资料整理的基础上进行创造性思考。

效果反馈

迅速的处理庞杂的信息、分析问题、归纳事物的属性、洞悉事物的本质、创造性地解决问题是一个设计师必须具备的思维能力。分类是培养我们处理信息、归纳事物的属性、寻求事物本质的一个有效方法。当我们使用不同的标准去归属一系列物象时，或许会注意到表面上看起来没有关联的物象，却有许多类似之处。

任务二

（1）拍50张你认识或者熟悉的人如你的亲人、朋友、同学、熟人等的照片，尽可能仔细观察他们的日常行为，对他们进行抽象分类，至少要提出20种分类方法。

（2）仔细描述你分类的原则，并清晰描述不同类属的人的典型特征。

（3）在这些人中，寻找一个"极端"的人，仔细观察他的生活方式、思维方式和消费方式以及行为模式，以图形+文字的形式表达出来。

目标

（1）洞察生活，基于显性与隐形特征，进行分类。

（2）利用抽象思维方法，分析并归纳相似人群的隐形秩序，归纳出不同类别人群当中包含的各种关系，如对颜色的喜好、对某类物品的喜好、某种特殊的行为模式、通常的思维特点、工作或者生活的态度、对物品选择的标准等。

（3）打破常规，找到全新的洞察。

（4）关注边缘地带。

预期效果

（1）学会使用抽象思维方法。
（2）学会归纳不同类属的特性和关系。
（3）将观察转化为洞察，再将洞察转化为能够改善人们生活的产品和服务。
（4）学会辨识类属隐藏的特性，并用明确的图片或者词语进行描述，锻炼思维能力。

效果反馈

少量的分类工作很容易完成，但是当能把显性的因素完成后，再往下继续寻找分类的方法和标准，就显得非常困难，这也正是考验洞察力和归纳总结能力的时候。

图2.24~图2.26是徐曦维同学做的分类。

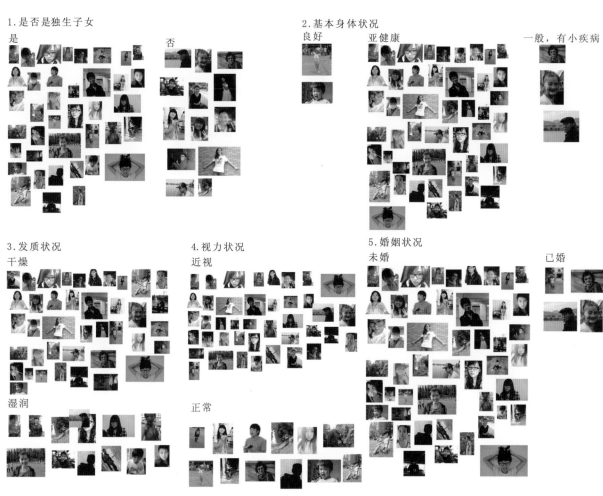

1.是否是独生子女

是　　　　　　　　　　　　否

2.基本身体状况

良好　　　　亚健康　　　　　　一般，有小疾病

3.发质状况

干燥

湿润

4.视力状况

近视

正常

5.婚姻状况

未婚　　　　　　　　　已婚

图2.24　徐曦维同学做的分类1

6.年龄

18岁以下

18—25岁

25岁以上

7.是否为微博用户

是　　　　　　　　　　　　　　　　否

图2.25　徐曦维同学做的分类2

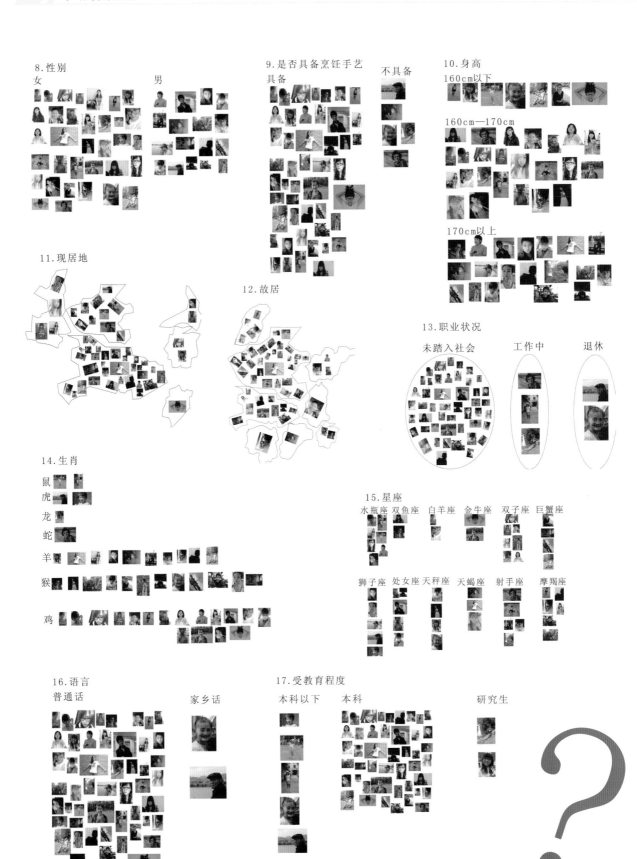

图2.26　徐曦维同学做的分类3

第3章　产品设计观

为什么是那样的，而不是这样的。

本章要求与目标

要求：认知并建立正确的产品设计观。

目标：好设计的准则；

日常生活与好设计之间的关系；

如何建立可持续型的设计。

本章教学框架

3.1　设计十诫

3.2　日常是设计的源泉

3.3　绿色设计观

　　3.3.1　尽可能使用天然的材料

　　3.3.2　尽可能节约能源

　　3.3.3　尽可能使用清洁能源

　　3.3.4　小体量，无装饰

　　3.3.5　模块化设计

　　3.3.6　循环使用的可持续性设计

3.4　课程实践

本章引言

建立正确的产品设计观，对一个产品设计师而言极其重要。实际上这或许是一个怎么评价设计的问题，也就是说什么设计才是优秀的，才是有意义的，才是我们追求的。明白了这个道理，我们才知道如何做设计，在设计中该坚持什么。设计的本质就是解决某一个社会生活的问题，在这个解决问题的过程中，我们应该遵循怎样的信仰呢？

3.1　设计十诫

历任博朗设计总监34年的迪特·拉姆斯，被誉为"20世纪最有影响力的设计师之一""活着的最伟大的设计师"以及"设计师的设计师"。

他的设计观是Less，but better，意思是"少，却更好"。

他的设计观对众多设计机构和设计师带来深刻影响。深泽直人（Naoto Fukasawa）、贾斯珀·莫里森（Jasper Morrison）、苹果的设计总监乔纳森·伊唯（Jonathan Ive），包括斯蒂夫·乔布斯都深受拉姆斯的设计哲学的影响。

为了向大师致敬，乔纳森·伊唯甚至把iPhone的计算器界面直接设计成了拉姆斯1987年设计的ET44便携式计算器的模样。

图3.1是拉姆斯为博朗所设计的各种产品。

提出的"设计十诫"被公认为衡量好的设计的标准。

拉姆斯的"设计十诫"，即好的设计（Good design）应具备的十项原则：

好的设计是创新的（Good design is innovative）

好的设计是实用的（Good design makes a product useful）

好的设计是唯美的（Good design is aesthetic）

好的设计让产品说话（Good design helps a product to be understood）

好的设计是谦虚的（Good design is unobtrusive）

好的设计是诚实的（Good design is honest）

好的设计坚固耐用（Good design is durable）

好的设计是细致的（Good design is thorough to the last detail）

好的设计是环保的（Good design is concerned with the environment）

好的设计是极简的（Good design is as little design as possible）

图3.1 拉姆斯为博朗设计的各种产品，完美地体现了"设计十诫"

3.2　日常是设计的源泉

产品设计不单指产品的崭新形式和功能的叠加，而关键在于捕捉事物的本质。在进行产品设计的时候，许多学者和设计师都在探讨产品设计的核心和根本，原研哉提出的"日常是设计的源泉"的观点，对我们进行设计思考具有重要意义。原研哉在2000年，担任RE-DESIGN（21世纪日常用品再设计）的策展人，以"只保留机能，不保留形体，探索设计的本质"为诉求，巡回展获得了极大的好评与回响。原研哉认为从"无"开始固然是一种创造，而把熟知的日常生活变得陌生则更加是一种创造，而且更具挑战性。他所推崇的就是RE-DESIGN，"重新设计"或者"再设计"，就是重新面对自己身边的日常事物，从所熟知的日常生活中寻求设计的真谛，给日常生活用品赋予新的生命，把社会中人们共有的、熟知的事物进行再认识，从人们所"共有"的物品中来提取价值，用最自然、最合适的方法来重新审视"设计"这个概念。

机能或者行为意识的核心被看做是设计的原点。

此项目的设计师之一深泽直人的观点是"无意识设计"（Without Thought），又称为"直觉设计""将无意识的行动转化为可见之物"。他认为设计师应该关注一些别人没有意识到的细节，把这些细节放大，注入原有的产品中，这种改变有时比创造一种新的产品更伟大。如图3.2是他设计的带托盘的台灯。当我们回家后，通常的行为是放下钥匙然后顺手打开台灯，把台灯的底座设计成盘子的形状，可以很随意地把钥匙丢进盘子，台灯就会自动亮起来；而当你打算离开的时候，在取走钥匙的同时，灯会自动熄灭，这样台灯就成了一天的终点和新的一天的起点。图3.3是他为±0设计的一个本子，人们往往在无意识的使用一些东西一般功能以外的功能。比如说在你日常工作的桌面上，会有茶杯、本子或者书。本子是用来记东西的，并不是杯垫，但是我们常常把杯子放在本子上，人们在使用本子这个类似于杯垫的功能的时候没有想到这个东西具有这个功能。当人们在使用东西的时候，如果过分地去想它的功能的话，反而很容易出错，比如你在弹钢琴的时候，如果非常紧张哪个键是哪个音的时候，这个时候反而会很容易弹错。所以说"东西是在无意识当中被使用的，在无意识的行为当中，引入我们的设计，把我们的设计体现在人们的无意识的行为当中。"这种观点与人类行为研究的先驱者之一，心理学家Jane Fulton Suri的观点一致。Suri关注人们每天所做的大量"不假思索"的行为：商店店主用锤子做门挡；上班族把标签贴在桌子下密布的电脑连线上。

设计师需要走进日常生活，去观察每一个人的每一天是怎么度过的，消费者不能告诉设计师怎么做设计，但是他们日常的实际行为却能够为设计师提供宝贵的线索。一切取决于设计师是否具备从他人的生活中学习的敏锐的洞察力。日常生活才是设计的源泉。

如图3.4为"RE-DESIGN"设计展中，日本建筑设计师坂茂对日常用品再设计的提案，坂茂最擅长以纸材构造建筑。这次展览上，他的作品是卷筒卫生纸。着眼于人们在使用卫生纸时不假思索，总是不自觉的使用更多，坂茂设计的这种卫生纸中间的芯是四角形的，整卷纸也是四角形的。那么当你拉扯四角形的纸卷的时候，比之于扯拉圆形的纸卷产生的阻力要大，你的动作因而变得不便。这样一来，无形中就起到了节约资源的作用。另外，四角形的设计在排列的时候彼此之间没有空隙，节省了空间。同时，四边形的单体在堆码的时候更稳固。设计的亮点便是在于对日常生活细节的观察和思考。

图3.5是原研哉为SWATCH大厦所做的一个和环境相关的带有交互性质的标识系统。设计师在建筑物的入口处设计了一个时间一直在走、并且浮游在空中的表。事实上，那是大约35块手表从天花板投影到地面的结果。这个影子手表可能会落在任何实物上，比如地面、车子、或者如果你伸出手，在手掌上会清晰地映射出一块表的形状。当你意识到一个不知是何物的红色的点实际上就是在走动的手表时，那一瞬间，除了感到惊讶外，你还会对"表"的认识更加深一步。也许设计师的灵感来源于日常观察的比如阳光洒在树梢，漏下的斑驳的影子吧。

图3.2　深泽直人设计的带托盘的台灯

图3.3　深泽直人为±0设计的本子

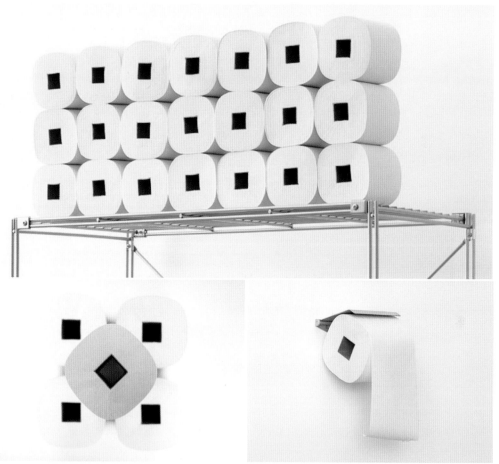

图3.4 日本建筑设计师坂茂对日常用品再设计的提案，卷筒卫生纸

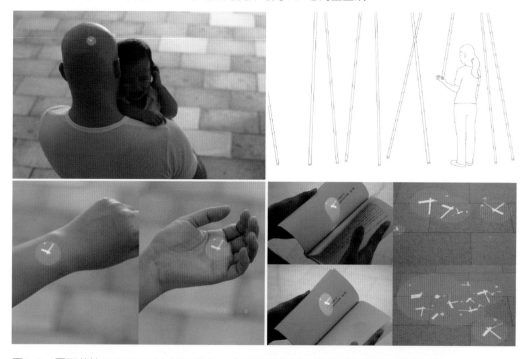

图3.5 原研哉为SWATCH大厦所做的一个和环境相关的带有交互性质的标识系统

3.3 绿色设计观

绿色设计，也称为生态设计、环境设计、环境意识设计。在产品整个生命周期内，着重考虑产品环境属性（可拆卸性、可回收性、可维护性、可重复利用性等），并将其作为设计目标，在满足环境目标要求的同时，保证产品应有的功能、使用寿命、质量等。减少环境污染、减小能源消耗，产品和零部件的回收再生循环或者重新利用。绿色设计的原则被公认为"4R1D"，即Reduce（减量化）、Reuse（回收重用）、Recycle（循环再生）、Recover（能量再生）和Degrad-able（可降解）。

设计师在设计的过程中可以在以下方面努力，使得产品设计更加符合绿色设计的要求。

3.3.1 尽可能使用天然的材料

天然材料易降解，对人和环境都没有负担，没有污染。图3.6是戴尔（DELL）推出的一款迷你型台式机——Dell Studio Hybrid，个小，丰富多彩和绿色理念。DELL 将环保绿色作为产品设计的一个元素，除了外观材料作为传递这种理念的窗口，Dell Studio Hybrid 还在其他方面在绿色理念上有所突破，比如节能，它的耗电量比普通的迷你机的70%还少，不超过65瓦，同时外包装材料使用上和能源之星（Energy Star）4.0标准相比，重量减轻30%，95%是可回收的，里面的材料（手册类）也减轻了75%，另外还增加了回收工具包。

图3.6　戴尔（DELL）推出一款迷你型的台式机

3.3.2　尽可能节约能源

我们已经过度地消耗了能源，而能源具有不可再生或者生长缓慢的特点，因此节能是我们非常重要的任务。设计师们试图用各种可再生能源代替生长缓慢的能源。我们能看到手摇发电的手机充电器等各种自发电或者其他方式的节能设计。

图3.7是设计师Siren Elise Wihelmsen设计的一款不插电的落地灯"You+Me"，灯体和灯架采用分离设计。灯体可以任意摆放或是悬挂在自己需要的位置，而灯架还可以当衣帽架来用，支持几个灯体悬挂。"You+Me"采用自发电，旁边有个木质的圆形拉环，通过拉动拉环带动内部的发电机，拉一分钟，灯光可以持续30分钟使用。

图3.7　设计师Siren Elise Wihelmsen设计的不插电的落地灯"You+Me"

3.3.3 尽可能使用清洁能源

太阳能、风能等能源不但取之不竭，而且清洁。尽可能地使用清洁能源，是绿色设计的一种方法。

有时候我们需要太阳光但没有太阳，比如下雨天，那么能不能在晴天的时候收集太阳光等到阴天的时候再用呢？但储存热能是一个很大的问题。图3.8是设计师Stefano Merlo设计的一个能量桶，是通过太阳能转化为电能存储的，这个能量桶采用水桶的样子，很容易让我们想起"提水""收集雨水"的情景。其实是把一种日常的、熟悉的概念和形式融入了设计中。

图3.9是设计师Eon Tae Yoon根据风车的原理，设计的一款创意风车灯。这款看起来更像个灯泡而不是风车的灯，叶身由丙烯酸树脂做成，只需要有风的作用，便可以让它的扇叶旋转起来，从而可将风能转换为电能供其自身的LED灯照明使用。

图3.8 设计师Stefano Merlo设计的能量桶

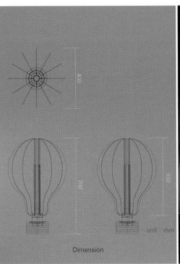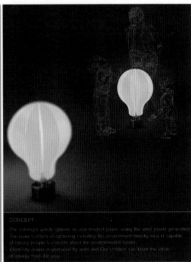

图3.9 设计师Eon Tae Yoon设计的风车灯

3.3.4　小体量，无装饰

我们正在很多领域作出努力，尽量减少使用材料，但对自己的死亡却很顾忌。人类要怎样面对自己的生存与死亡？我们不但活着的时候在消耗，就连死后都在消耗着这个世界的资源。反复的殡葬仪式，庞大的埋葬方式……古人讲，"托体同山阿"。你会做出什么样的选择呢？比如，你希望自己死后变成一座坟墓，还是一棵树？图3.10是设计师Margaux Ruyant设计的一款骨灰坛，将骨灰、泥土和植物种子放入其中，随着时间的流逝，悲伤和思念的减少，里面的植物开始慢慢生长，直到破顶而出，然后就需要移植到户外花园埋入地下。之后它的可降解材料也就会慢慢消失，只留下白色陶瓷部分的墓碑永久留在地面，可供亲朋好友聊做纪念。图3.11是乌克兰基辅的设计师Anna Marinenko设计的一款幽灵骨灰盒，外形酷似一个幽灵，里面有一个盛放骨灰的胶囊瓶子。在骨灰盒的底部印有二维码，意味着你可以在里面添加个人信息（文字、图片、声音、视频等），这不仅是一个简约的设计，更是一个充满了时代性的设计，我们可以用更先进的方式对待自己的躯壳，去缅怀亲人。

图3.10　设计师Margaux Ruyant 设计的一款骨灰坛

图3.11　乌克兰基辅的设计师Anna Marinenko设计的一款幽灵骨灰盒

3.3.5 模块化设计

"模块化设计"即是对一定范围内的不同功能或相同功能,不同规格的产品进行功能分析的基础上,划分并设计出一系列功能模块,通过模块的选择和组合可以构成不同的产品,满足不同的需求。它的特点是:富于变化和乐趣,避免因厌烦而替换的需求;能够升级、更新,通过尽可能少地使用其他材料来延长寿命;使用"附加智能"或可拆卸组件。模块化设计既可以很好地解决产品品种规格,产品设计制造周期和生产成本之间的矛盾,又可加快产品的更新换代,提高产品的质量,方便维修,有利于产品废弃后的拆卸,回收。

图3.12是设计师Fuseproject设计的模块化的Y Water瓶子。Y Water是针对孩子的一种低卡路里饮料,Y Water 共分四种,分别是 Bone Water, Brain Water, Immune Water 和 Muscle Water。Y Water的Y型瓶子除了带来一个鲜明生动的形象,重要的是当喝完饮料后,这个瓶子就会成为一个玩具,有一个Y结(Y Knots)将这些瓶子连接起来,所以很多瓶子就成为LEGO一样的玩具。

图3.12　设计师Fuseproject设计的模块化的Y Water瓶子

3.3.6　循环使用的可持续性设计

我们的浪费实在严重。我们对物品的利用一点也不诚实。作为一个设计师，如何面对消费社会里横流的浪费？循环使用是一个重要的可持续性绿色设计方法。

图3.13是一款叫做Living Pixels的循环使用废旧材料制作的灯具，是香港的KaCaMa团队使用废弃物设计的，很好体现了可持续设计的理念。他们选用回收的广告横幅作为材质，通过切割，拼合等工序制作出独特的三维质感的"像素块"，然后将其应用到灯具设计上。KaCaMa团队还联系一些社会机构如女工会、康复中心，让一些精神康复患者、智障人士参与到他们的制作中来。"蛋壳蜡烛"的主要原材料蛋壳，就来自于这些工厂的食堂，他们教食堂的师傅如何取得大部分保持完整的蛋壳，然后按比例勾兑大豆蜡来做出趣致可爱的"蛋壳蜡烛"。大豆蜡是天然的，分为软硬两种，做这个蜡烛软硬大豆蜡的比例是多少、先放软的还是先放硬的、中间的蜡烛芯用什么材质，虽然单是解决这几个技术问题他们就做了6个月的实验，但设计取得了良好的社会反响。

设计师杨明洁也做了一些这样的设计实践，利用户外废弃的广告布，制作成各种本子和包包，如图3.14所示。消费者也渐渐对这样的产品显示出一定的接纳度，设计师品牌"内存再设计"就是一个专门利用废旧材料再循环设计生产的独立品牌，利用废弃的服装、广告布、杂志等材料，设计制作本子、包包、领带等各种物品，销售状况良好，如图3.15所示。

其实设计师应该在设计伊始即将物品废弃后的循环再利用考虑在设计内容内。

图3.13　香港的KaCaMa团队设计的Living Pixels灯具

图3.14　设计师杨明洁利用户外废弃的广告布，制作成各种本子和包包

图3.15　内存再设计的作品

图3.16是设计师杨明洁为绝对伏特加（Absolut Vodka）设计的一款果味酒的包装，是一个将物品废弃后的循环再利用考虑在内的有趣的设计。Absolut Pears 2008款双瓶装包装设计，是专为伏特加原味与伏特加2008年新品苹果梨口味所设计的二合一包装容器。设计从两个方面展开，一是忠于品牌原形；二是关注社会问题。这个设计方案将一个Absolut Vodka的瓶形对半剖开，左右拉伸，便形成了双瓶装的包装，配以半透明磨砂的表面材质，内部隐约透出原味酒瓶与苹果梨口味酒瓶的轮廓、色彩，并且酒瓶正面的字体与外包装的字体形成了一个折射、透叠的效果。在人机工学上，双瓶装的中间，瓶盖下方，设计了一个可供手掌插入的缺口，这样可以让用户在购买了Vodka后，可以轻松的携带。设计师试图表达在酒瓶取出后，外包装再利用的可能性，它可以成为一个储物盒、一个果盆，甚至是一盏灯。

图3.16　杨明洁为Absolut Vodka设计的一款果味酒的包装

3.4 课程实践

任务

（1）尝试改变一件你已经好久没用，而且不打算再使用的废弃的物品，通过设计，赋予它新的面貌和功能。

（2）尝试改变一件物品，通过设计，让它成为一个模块化的组件。

目标

（1）建立绿色设计的设计观，学会改变事物的面貌，赋予事物新鲜的面貌。

（2）尝试通过动手获得事物的新状态。

预期效果

（1）尝试进行日常事物的再思考。

（2）引导建立绿色设计观。

（3）学会动手改造一件物品。

效果反馈

如图3.17和图3.18是袁子明同学用废旧的轮胎和麻绳以及废旧的竹席设计制作的桌子和凳子，图3.19是袁子明同学用废旧的插座种植豆苗，没有坏掉的插孔依然可以使用。

图3.17 袁子明同学用废旧的轮胎和麻绳以及废旧的竹席设计制作的凳子

图3.18 袁子明同学用废旧的轮胎和麻绳设计制作的桌子和凳子

图3.19 袁子明同学用废旧的插座种植豆苗，没有坏掉的插孔依然可以使用

第4章

产品设计基础之功能

功能是一个成功产品的灵魂。

本章要求与目标

要求： 强化观察和思考的作用，引导学生发现问题，帮助
建立解决功能问题的能力。

目标： 建立从功能角度思考产品的观点；
建立酝酿新设计或改进现存设计的思考方法。

本章教学框架

4.1　认知产品功能

4.2　洞察需求，关注功能

　　4.2.1　关注日常生活中的功能需求，洞察新需求

　　4.2.2　关注弱势群体的需求

　　4.2.3　关注特殊环境下的功能需求

4.3　功能设计方法

　　4.3.1　从行为周边出发，赋予产品新的功能

　　4.3.2　功能延伸

　　4.3.3　功能增强

　　4.3.4　功能改良

4.4　课程实践

本章引言

用自己的眼睛观察，用自己的心思考，发现真实生活的另
一面，关注他人，关注他人需求，是一个产品设计师必须
要具备的素质。设计的本质在于解决问题或者创造新的
适当的生活方式。这需要设计师具有敏锐的眼睛，消费
者或者用户有时候并不能告诉我们问题在哪里，发现问
题的眼睛和解决问题的能力都要靠设计师自己。无论如
何，功能是产品存在的意义和理由。

4.1　认知产品功能

《辞海》中对"功能"的解释是　"一为事功和能力，二为功效、作用"。所谓产品功能，即产品的功效和作用也就是指产品的用途，即产品的实用性。它既包括产品的总体功能，又包括组成产品各部分特定功能的有机组合。

在我国古代就有了对造物功能的探索，提出造物设计的重要前提是"致用利人"，其中，"用"即是指产品的功用、功能。强调使用技艺、讲求器物功能普遍存在于古代造物行为中。墨子在论述设计时有这样的评述："其为衣裘者何以为？冬以圉寒，夏以圉暑。凡为衣裳之道，冬加温，夏加清者。不加者，去之。其为宫室者何以为？冬以圉风寒，圉夏以遇暑雨。有盗贼加固者。不加者，去之。"意思是说"为什么要做衣服？冬天防寒，夏天防热。凡是设计衣服的原则，都在于衣服的功用，冬天保证温暖，夏天维持凉爽。如果衣服不具备这个功能，就不能要。为什么要盖房子？冬天防寒防风，夏天防热防雨。有盗窃之事的话还要保障房子稳固，人和财产不被侵犯。房子如果没有这样的功能，就不能要。"

在工业设计的发展过程中，对物品功能在造物行为中的意义的追求和探索产生了"功能主义"这样一个设计理论。在现代主义发展过程中，现代工业究竟应该设计、制造什么样的物品曾经是一个热烈探讨的话题，这个话题的核心就是功能和形式的关系，这种关系不仅仅是指产品的功能和形式的关系，还包括其他设计领域的物品，比如建筑的功能和形式的关系。

20世纪初，引领现代主义发展的"包豪斯"以及后来的乌尔姆设计学院等，以功能主义作为教育宗旨，理论和实践相结合，把设计理念从为贵族设计转向为民主大众设计，提倡以手工艺为主的生产方式向以机器为主的生产方式转化，奠定了功能主义的核心。功能主义最具影响力的口号是"形式追随功能"，把功能作为物品设计首要的追求目标，认为物品的形态要依据功能来设计。形成了严谨、冷静、简洁的设计风格。

无论是我国古代的"致用利人"，还是西方现代主义功能至上的"形式追随功能"，功能始终是人类造物活动中首要关注的问题。我们为什么需要物品？是因为我们需要它们，我们需要的，更多的是它们的实用功能。比如，古人发明了陶器，它们被用来汲水、储存粮食、煮熟食物、盛装食物等，很显然，对于古人来讲，器物重要的体现在于它的实际功用，而它的样子一定要根据它的功用来设计制作。

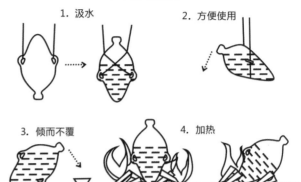

小口尖底瓶

1. 汲水　　　　　　　　　2. 方便使用

3. 倾而不覆　　　　　　　4. 加热

古人所制陶器：小口尖底瓶。用来汲水、烧水、储水。可以悬挂，插在草木灰中直接加热，倾倒了水也不会大量泻出。灵活多用。

古人所制陶器：鬲。三足中空，其目的是为了增加受热面积，一可以节约薪柴，二受热面积大，煮饭就容易煮透，不会出现下面已经烧焦，上部却还未煮熟的情况。《孔子家语》所云"瓦鬲煮食"，说的就是这种器物。

西汉长信宫灯将灯的实用功能、净化空气的科学原理和优美的造型有机地结合在一起。灯的形象为跪地执灯的年轻宫女，宫女一手执灯，另一手袖似在挡风，实为虹管，用以吸收油烟，宫女身体中空，烟经右臂进入体内，灯身常可贮水，以使烟气溶于水中，故可降低空气污染。灯盘可以转动，灯盘上的两片弧形屏板可以推动开合，以调节灯光的亮度和照射方向。

图4.1　我国古代功能性产品的优秀范例

图4.1是我国古代物品中的功用体现，每一件物品，即便是以现在的眼光来看，也是功用至上的，诸侯王公的用品或许会有功能之外的装饰，普通大众的日常生活用品却是典型的功能性产品了。

某些物品可以看做是人的器官的延伸。我们生而为人，具有改变世界的能力，但我们的四肢、器官自身所具备的功能是有限的，而且可能会有缺陷，可能会损坏。所以我们设计制造了各种产品来强化它们的功能。如图4.2所注，各种交通工具都是我们的腿脚的延伸。

我们设计了眼镜，让近视的眼睛能够更清晰地观看世界；我们制造了望远镜，让我们可以看到目力所不能及的远方；我们发明了显微镜，通过它可以看到极微小的物体；在烈日下我们使用太阳镜来遮阳防晒，减轻紫外线对我们的眼睛的损伤；潜水镜可以保护我们的眼睛对抗水压，让我们在水下也可以睁开眼睛观察；隐形眼镜看起来就像我们身体的一部分，让我们的眼睛显示出更强的能力。我们在使用的，是这些产品的功能。这些功能，弥补了我们的四肢、器官的不足，甚至成为我们身体的一部分。最重要的是，这些功能是独到的，重要的，不可以缺失和替换的，如果没有了这些功能，那件产品就变得毫无意义，甚至可能会给生命带来危险。

图4.2　各种交通工具都是我们腿脚的延伸

除了实用功能以外，有些产品还具有象征功能和审美功能。

20世纪80年代，在消费者自我概念与产品形象之间一致性的讨论中，Sirgy提出〝自我概念——产品形象一致〞的理论较为著名。该理论认为，包含象征性意义的品牌通常会激发包含同样形象的自我概念。例如，一个包含〝高贵身份〞意义的品牌会激发消费者自我概念中的〝高贵身份〞形象。特别是在商品极度丰裕的时代，商品呈现出使用功能同质化的特征，在很多情况下，消费者购买产品不仅仅是为了获得产品所提供的功能效用，而是要获得产品所代表的象征性价值。换句话说，消费者购买产品或者服务不仅为了它们能做什么，而且还为它们代表什么，比如一件产品可能代表着使用者的社会地位、经济实力、审美格调或者价值取向。因此，消费者购买的许多产品或者服务反映了消费者的形象——消费者的价值观、人生目标、生活方式、社会地位等。在一项对摩托车拥有者的研究中发现，许多购买并不是因为机车的性能，而是由于骑乘时的自由独立、活力蓬勃的感觉以及在摩托车族中形成的微妙伙伴关系。

美国心理学家马斯洛理论把人的需求分成生理需求、安全需求、社交需求、尊重需求和自我实现需求五类，依次由较低层次到较高层次，每一个需求层次上的消费者对产品的要求都不一样，从纯粹的实用功能到象征功能，到审美功能，如图4.3所示。

人类的第一层次需求是生理需求，是人们最原始、最基本的需求，即生存需求，此时人们只要求产品具有一般功能即可。第二层次是安全需求，人们在满足了第一需求之后，开始关注自身健康，消费者开始关注产品对身体的影响。第三层次的需求是社交需求，也叫爱与归属的需要，是指个人渴望得到家庭、团体、朋友、同事的关怀爱护理解，是对友情、信任、温暖、爱情的需要。消费者关注产品是否有助提高自己的交际形象。第四层次是尊重需求，消费者渴望使用更加个性、更能彰显自身社会地位和阶级属性的产品获得尊重，消费者关注产品的象征意义。第五层次是自我实现需求，此层次的人对产品有自己的判断标准，对产品提出更高的要求。马斯洛之后又提出人的需求的7个层次，即：生理的、安全的、爱与归属的、尊重的、求知的、审美的、自我实现的需要。在尊重与自我实现之间增加了两个层次，求知的需求、审美的需求。

马斯洛的人类需求理论告诉我们，随着人类基本需求的解决，人类越来越倾向于象征、审美等高层次的需求。因此，产品的使用功能虽然十分重要，但功能不尽于此，象征功能和审美功能也很重要。图4.4关于功能设计和情感化设计的对比与马斯洛的需求相一致。图4.5是人们对产品的需求层次。从图中我们可以看出，人的需求的较高层次为情感化需求，而较低层次为功能性需求。以金字塔的第三层次为分界线，第一层次生理需求、第二层次安全需求、第三层次爱和归属需求都属于功能需求。而第四层次的尊重需求和第五层次的自我实现需求则是属于情感需求。功能需求是基础，情感需求是建立在功能需求之上的。

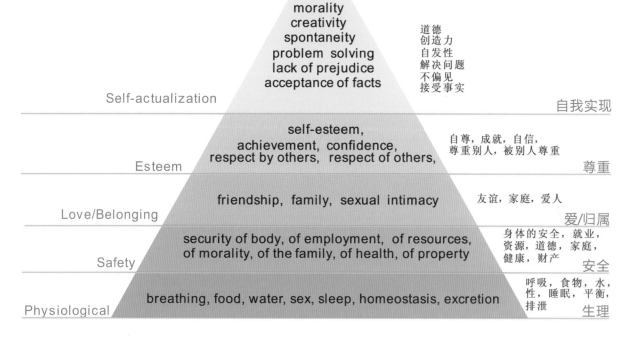

图4.3　马斯洛的人类的需求

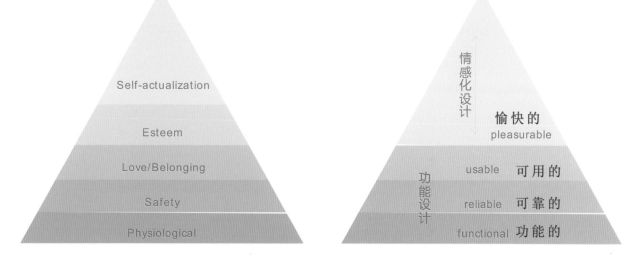

图4.4　功能设计和情感化设计对比图

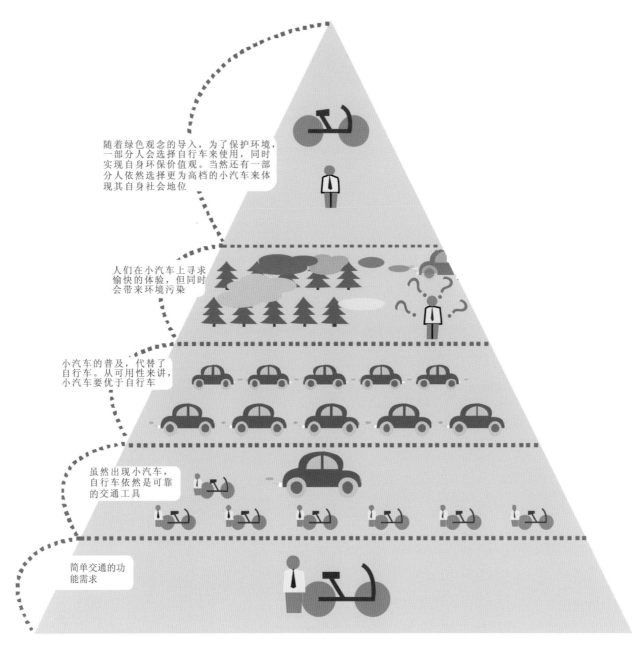

图4.5　人们对产品的需求层次

人们对产品的需求会随着社会、经济、文化等各种元素的影响而变化，但是始终情感需求是在功能需求之上的一个层次。

实用功能是人类产生的最早的功能需求，审美功能是在实用功能基础之上生发出来的。

亨利·福特在设计第一辆汽车的时候，只是想要改变传统的步行和马车等原始的交通方式，简陋的"T"型车很好地完成了这个设计目的，达到了以汽车代步的功能。还因为它简单单一，而价格低廉，几乎每一个美国家庭、甚至每一个美国人都买得起。从而以使用功能占据了美国汽车市场的绝大半江山。如图4.6所示，二三十年代的福特"T"型车几乎只是把马换成了发动机。通用为了和福特竞争，开始设计色彩靓丽，流线外观的汽车，设计师哈莱·厄尔开创了一种低底板、高尾鳍的奢华风格，引领了20世纪50年代的美国社会汽车设计风气，当厄尔创造的高尾鳍车尾出现在凯迪拉克和克尔维特的车型上时，大受市场欢迎。完全颠覆了福特一成不变的黑色、单一的"T"型，成为上流社会身份和地位的象征，从而完美地获得了自己的消费群体。福特为了和通用竞争高端市场，在50年代推出的雷鸟也采用了那时流行的高尾鳍、流线型车型。以期分得高端车型市场的一杯羹。如图4.7所示，高尾鳍、流线型、大车身、镀铬装饰是这一时期高端汽车的典型特征。到了70年代，代表奢华主义的高尾鳍汽车连同美国人引以为豪的大车身、镀铬装饰以及大排量发动机都随着石油危机的到来退出了历史舞台。

因此，产品的象征功能和审美功能也是很重要的，并且会随着时代的变化和流行风潮的影响而变化。

图4.6 二三十年代的福特"T"型车

图4.7 五六十年代的凯迪拉克和雷鸟

4.2 洞察需求，关注功能

4.2.1 关注日常生活中的功能需求，洞察新需求

需求一直存在。虽然每一种产品都有其特定功能，来满足人们的需求。但是在这个物品极其充沛的时代，有些物品获得过多的设计，而总有一些物品的需求缺乏设计师的关注。还有时候我们设计了一款产品，解决了一种需求，但这款产品却带来新的问题，带来新的需要我们解决的需求。关注日常生活中的产品需求，特别是生活中的功能需求，提出新方案，解决这些问题，满足人们的需求，是设计师的职责所在，也是乐趣所在。

和西方人的明确的一克、一磅、一盎司的直线定量思维不同，中国人喜欢定性思考，比如在描述某种配料的多少时，我们通常用少许、若干、大约、大概、一小勺、一浅碗等之类的不明确的词语。中国人的生活里充满了大量的"大概""也许""差不多"，对于这些不确定不定量的描述，最终要出来良好效果，中间需要很长时间经验的积累。对于很多领域的初学者来说，这就面临着量化的难题。浙江大学的朱宁宁和林书丹关注到中医医生抓药的行为，中医一服药往往由几十种不同的药物配成，而每种药物的重量配比又各不相同，因此，一服药要称很多次，为了简化抓药的工作流程，提高精度，他们设计了如图4.8所示的这款称重手套。它由手心压力感应区、手腕信号处理模组，以及LED显示屏组成，带上这种手套，把东西放在手心里，就可以通过显示器读出重量，这款手套同样可以用于化学实验室、物理实验室以及其他需要称重的地方。这个方案获得了2012年光宝创新设计奖金奖。

图4.8 根据传统称中药方式的不便进行的创新型称重手套设计

我们常常为雨天打回来的伞感到苦恼，雨伞上面都是水滴，为此我们设计了一些诸如伞架之类的东西来解决雨伞放置的问题，但很显然这个设计并没有那么适用，因为我们也可能在另外一个没有伞架的环境中面临雨伞的存放问题。图4.9是Ironao Tsuboi为100%公司设计的一款三足伞。设计师在伞头上设计了一个三角支架，这样，当伞收起之后，将其倒立就可让伞自己立起来，无需依靠和悬挂。其实这个设计不像想象中那么简单，收拢之后的伞是一根笔直的杆，而伞把则偏向一端，找到让伞自立的平衡点并不容易。设

计师和100%公司进行了大量实验，制作了很多模型，最终才找到了让伞平衡的模型，当然，这些是消费者所看不到的，这也是好的设计的标志之一，让用户发现不了的隐设计。台湾大同大学的四位学生林承翰、钟于勋、郑宇庭和陈劭宸则关注了小朋友，雨伞对他们而言是有点儿重的，我们经常可以看到小朋友拖着雨伞走路的情形。设计师从这个日常行为出发，设计了带有滚轮的雨伞，小朋友可以拖着雨伞走，如图4.10所示。

还有的设计师关注我们拿着雨伞在某个等待的间隙是多么的无聊，如图4.11，将雨伞的头部设计成毛笔，这样我们就可以用它在干爽的地面写写画画了。图4.12是日本设计师深泽直人的作品，在伞柄上设计了一个凹槽，如果你问别人，这个凹槽是什么意思，80%的人都会觉得这个是用来挂物品袋的。这正是设计师"Without Thought"设计理念的体现。在大风大雨天气使用雨伞最大的尴尬在于，雨伞随时会被大风吹翻。图4.13是一个有趣的雨伞，我们可以把伞低低地拿着，却依然可以看到外面。图4.14是致力于解决雨伞抵抗暴雨的问题，获得了2012年度最佳产品设计奖。图4.15是Senz°出品的一把雨伞，致力于解决防风问题。它由设计师 Gerwin Hoogendoorn 2005年设计，这个设计获得过 Red Dot及Good Design等各项国际设计大奖，设计融入了优越的空气动力学，不仅能够抵抗时速100km的强风，还可以防晒。

图4.9 三足伞

图4.10 带滚轮的伞

图4.11 毛笔伞

图4.12 深泽直人设计的伞

图4.13　一些有趣的伞　　图4.14　可折叠防风防雨伞

图4.15　Senz°出品的方向性防风伞

有记者问英国著名工业设计师詹姆斯·戴森，创意从哪里来，戴森说：发现生活中的
"不正常"。英语中有句古谚：需要是发明之母。这话用在戴森的身上，一点也没错。
1978年，31岁的戴森在使用胡佛牌真空吸尘器的时候，吸尘器坏了，戴森拆开吸尘器后
发现，当集尘袋塞满脏东西后，就会堵住进气孔，切断吸力。戴森决定解决这个问题，
他用了5年的时间，制作了5127个模型后，发明了不需集尘袋的双气旋真空吸尘器，引
发了真空吸尘器市场的革命，如图4.16所示。戴森与众不同之处在于，总能发现生活中
的不完美，总想亲自动手将不完美的东西进行改进，甚至重新设计。他的第二项发明是
球轮小推车，传统的手推车的车轮容易被刺穿，在软地上容易下陷。戴森对手推车进行
改进，采用充气球形轮胎，而不是普通的车轮，可以将负载分散到更大的表面面积上，
手推车变得不易下陷，更稳定，更易于操作。

图4.16　戴森发明的吸尘器

图4.17是戴森最近的发明——无叶风扇，被他称之为"Air Multiplier"，获得极大的好评。无叶电扇通过环形狭缝对气流进行加速以产生喷射气流，经过弧形翼面引导喷射气流的方向，并将周围的空气卷入气流，可将气流的强度放大18倍，每秒可产生405升凉爽、连续的柔风。无叶风扇由于没有叶片，由于没有扇叶切割空气，气流稳定流畅，对儿童来说非常安全，而且易于保持清洁。

图4.17　戴森发明的无叶风扇

iPhone面世后，养活了多少周边产品？又有多少品牌在为iPhone服务？以下是各种iPhone、iPad周边产品，图4.18是触屏手套，让喜欢玩手机的人在零下十五度的室外可以继续享受乐趣。而图4.19是各种iPhone音箱，为了配合手机日益简约的造型设计趋势，试图从各种角度寻找契合点进行设计，JBL公司推出的一款音箱像是一颗橄榄。意大利的这款名为"megaphone"的扬声器，采用陶瓷材料，设计师制作了一个木框架来支撑这个扬声器，以加强它的震动，最大限度的传声。iBamboo竹子音箱则采用天然竹材，不用插电，通过声学原理自然发声，营造环保低碳的生活。菲利普·斯塔克为法国派诺特公司（Parrot）设计的无线立体声扬声器Zikmu大气优雅。

图4.18　触屏手套

图4.19　各种iPhone音箱

4.2.2　关注弱势群体的需求

设计应该让每一个人的生活更美好，这之中包括通常所说的生理上有缺陷的弱势群体。关注弱势群体，关注他们的生活、行为、心理等各方面的需求，用设计让他们的生活更美好。我们在说到以人为本的设计策略的时候，并不是把人放在设计的最终阶段，而是要放在起始阶段，去观察人是如何使用东西的。通过一些非常简单的方式，去体现各种不同人群的多元化需求，去满足不同人的需求。比如快餐店里面的水槽为什么要做成一个高一个低？因为要照顾小孩子和坐轮椅的人，他们能在较低的水槽中洗手。很简单的设计，功能性却也足够强。

对于身体有缺陷的人的最大尊重莫过于像对待正常人一样对待他们。洪丹尼使用机械技术、激光测距仪、全球定位系统和智能回馈工具，给盲人设计了一辆汽车，这不是一辆"自动驾驶"的车，而是一辆盲人能决定速度、车距和路程的车，同时也能独立驾驶的车。当然更多的设计师从小处着眼，带来对弱势群体的关怀。图4.20是设计师陈妍之为盲人设计的叫做"盲文布标"的作品，设计关注盲人对世界的认知渴望，将服装的布标用盲文标出，这样盲人自己可以通过布标获得衣服尺码、面料、品牌等信息。力图使盲人产生更美好、更公平、更独立的心理感受。图4.21是设计师Konstantin Datz专门为盲人设计的一款魔方，魔方表面凸起了盲点，可供盲人阅读。通过盲点，盲人们就可以区分绿、蓝、红、黄、白、粉。这款设计意在为盲人寻找到更多的快乐。

图4.20　盲文布标

图4.21　盲人魔方

法国设计师Gwenole Gasnier设计了这个简单但对残疾人、老人和儿童充满关爱的创意洗手盆。如图4.22所示，考虑到特殊人群使用洗手盆的时候与普通人使用习惯不同，设计师通过在陶瓷洗手盆的底部添加一个角度合理的切面使洗手盆可以有两种不同角度变化，增加产品的灵活性、多功能性并且更加宜人。

而图4.23是设计师Charandeep Singh Kapoor设计的一款名为NOTEX盲人用腕带，不仅具有时尚的装饰性，还具有使用的功能性，帮助盲人朋友识别钞票的面额，因为不同面额的钞票大小是不一样的，这个腕带上设计有凹凸的地方，盲人只需要把钞票放在这个腕带上面测量一下就能知道钞票的面额。

图4.22 针对残疾人的创意洗手盆

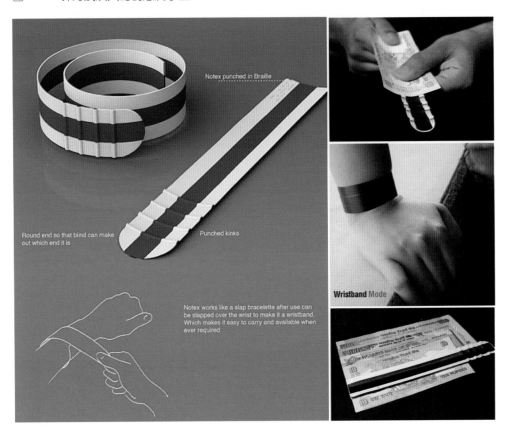

图4.23 盲人能够辨别钞票的腕带

4.2.3　关注特殊环境下的功能需求

设计的目的可以是为了提高生活的品质，这并没有错，设计要更加不能忽略生命的意义。在自然灾害发生的时候，人们会面临困苦的环境，如何在特殊环境下更好地保存生命，保护自己或者救助他人，是近些年来随着自然灾害的不断发生，而获得前所未有关注的话题，对于各种生存、求生用品的需求也因此开始大量显现。在他人或自己遇到紧急情况时，有没有好的工具救助，也一直是值得关注的问题。世界范围的医疗救助机构，也致力于寻找、协助设计研发此类产品。生存设计的领域大致又可以分为3个部分——搜救与自救、生存、灾民安置。搜救与自救部分可以描述为遭遇险境，自行脱险、求救及遇难者搜救的工具设计。

下面两个方案致力于解决落水人的救助问题。图4.24是一款自救手环，致力于自救。在你单独游泳时，它可以变成一个不错的漂浮装置。平时可以当做手环佩戴，紧急情况下如腿抽筋时，只需用力拉下手环，它就会马上充气膨胀成一个救生圈，确保你在水中的安全。图4.25是装在瓶子里的救生圈，致力于救助他人。河边救生护栏其实是一个个独立的瓶子，每个瓶子就是一个隐藏的救生圈。瓶盖和瓶身通过绳子相连，瓶盖上的装置遇水之后可以迅速充气，变成一个救生圈。如果河边的人看到有人落水，只需拧下瓶盖，扔向落水者即可，对方就可以抱住救生圈，然后你通过连接救生圈另一端的绳子将对方拖上岸。

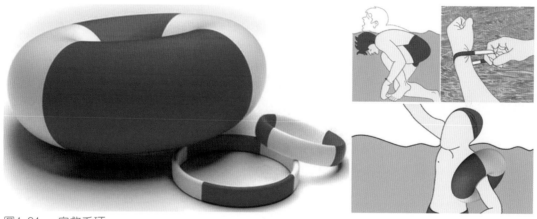

图4.24　自救手环

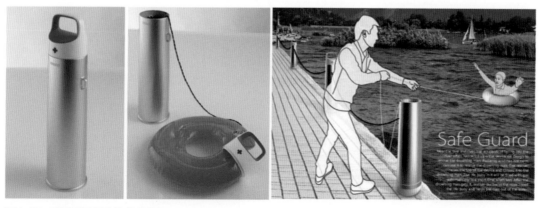

图4.25　装在瓶子里的救生圈

而图4.26是一套名为LIVE First Aid Suit的服装，为伤员而设计，设计师们把急救包做成了衣服，通过特殊的材料与设计，衣服的各个部位都可以与主体分离，变成各种应急的救援设备，比如袖子可以用来固定受伤的手臂，裤子则可以用来包扎腿部伤口，适用于各种类型的身体外伤。这个产品概念来自于深圳爱捷特系统公司，获得2007年红点概念奖。

图4.26 LIVE First Aid Suit，为伤员而设计

节约用水、获得洁净的饮用水是永远的设计命题。在这个世界上，还有很多地区的人们，因为灾难、战乱、经济、政治等原因，基础设施落后，人们用非常原始的方式，在遥远的地方获得生活用水，而且这些水还不是洁净的饮用水。有的地方甚至没有净水设施。图4.27这个叫做Blade a Blade Safe Agua的产品是一种便携式水龙头，可以与任何容器连接使用，通过虹吸原理，将水从容器中引出，通过龙头结构设计，可以调节水流大小以及开关功能，仅单手就可以操作，成本低廉，使用非常方便还可以在这些用水不便的地区更好地节省水资源，力图使全球46%没有自来水的人们享用便利、健康的自来水。

图4.27　便携式水龙头

4.3 功能设计方法

一些产品的功能是单一的，比如刀具、扳手等工具类产品，冰箱、空调、电饭煲、豆浆机等家用电器类产品，也有很多产品的功能不是单一的，有时候一件产品可能整合了4个、5个甚至更多的功能。这其中，有些是主要功能，有些是次要功能。有些产品的主要功能和次要功能之间很容易区分，比如一款数码照相机，虽然也具备摄像的功能，但照相却是它主要的功能。但有些产品的主要功能似乎就不止一项了，特别是我们现在所处的信息时代，数字化技术改变了传统产品的样貌。

贝尔在1876年发明的电话堪称伟大，因为在此之前，我们只能通过口口相传、烽火、驿马、鸿雁传书、邮差、写信等手段来传递讯息。贝尔发明了电话，让天涯之隔的人们可以即时通话了，这是一个巨大的进步。

随后技术的进步带来了更大的惊喜，原来固定的电话可以随着人们的移动而移动了，先是寻呼机，然后是移动电话。到了现在，电话成了什么？它几乎整合了所有的通信方式，并被赋予更多其他的功能。手机最开始作为科技新产品进入大众生活，它是一种革命性功能的新工具，由于它的特殊性，比如无可比拟的日常性，使它很快融入大众生活形成消费文化生态，大众消费文化让手机变成一件特殊消费物品，iPhone的出现带来的变化不只是触摸操作的直觉和新鲜，而是背后十多年的大众对互联网消费的变化，我们对手机从工具的消费转向了内容的消费。

工具是必需的，而消费品则是可供选择的。数字产品的变化就是从"必需"走向了"可供选择"，同一类型的产品有不同生产厂家可以选择，同一功能实现可以选择不同的产品，同一生活追求可以选择不同的功能，不同的生活方式……可供选择的增多，让"必需"变得泛化，工具的属性越来越弱化。

如何定义手机成了一个有趣的命题，对某些人来说，它是一个须臾离开不得的玩具，对另外一些人来说，它是联系自身和外界的重要工具。它可能是一部手持电脑，或者一部手持的互联网设备……有一个设计师认为，它是一碗水或者一个容器。或许你觉得这个描述太过无稽，但是谁又能说一个满载内容的手机不是一个容器呢？无论是内置存储还是对云端数据的读取，这些内容都是从触摸屏中冒出来的，就像一碗水。这个描述其实是对于手机形态的一个畅想，设计师因此设计了一款他认为是一个容器的手机。

翻开你们的手机看看，它包含了哪些功能？照相、录影、录音、游戏、看电影、记事本、备忘录、网络、娱乐系统、日历、收音机、计算器、地图、导航、游戏机……在这些功能中，哪些是手机的主要功能，哪些是手机的次要功能？不妨做这样一个调查，随机采访200个人，让他们定义他们的手机，解释手机的主要功能和次要功能，说明原因。如果要你的手机最后只能保留5项功能，其余全部去掉，你会选择保留哪5项，为什么？如果只保留3项呢？会选择哪3项？原因呢？

如果抛开所有内置APP，如果只是要一个电话，只是要通话，那么这个电话是什么样的呢？就有那么一群人，他们只是需要一个移动电话，而且就只用来通话。同样可以做一个调查，对于60岁以上的人来讲，他们需要的电话是什么样的？

荷兰一家设计工作室设计了一款叫做Johns Phone的手机，如图4.28所示，这款手机只有一个通话功能，被称为世界上最简单的手机。整体构造也很简单，正面是数字按键，侧面有声音调节键，而手机顶部有一小型的显示屏，用于显示拨入拨出的号码。目前在荷兰市场上有销售。

图4.28　一款叫做Johns Phone的手机

4.3.1 从行为周边出发，赋予产品新的功能

整合新功能，是产品功能创新的一个重要的方法，看看我们周围的产品，多功能几乎成为一个普遍的设计法则，单一功能的产品越来越少，很多单一功能的产品慢慢地消失了，因为它的功能被整合进另一种产品上，因此失去了存在的必要性，慢慢地退出了市场。除了核心功能以外，该怎样合理的赋予产品更多的功能呢？虽然一些产品有许多功能，但并不是任何功能都可以随便往一个产品上整合的。在保留产品核心功能基础上进行的功能整合，必须是与产品能够兼容的功能、有关联的功能。许多时候，我们的设计灵感来源于对生活的日积月累：仔细观察人们的生活状态，观察人们的行为，从行为出发，解决自身和他人日常生活中的问题，为熟视无睹的产品赋予新的功能，寻找全新的设计方案。

吃过的口香糖，往往给我们带来很多麻烦。如果是单条包装的口香糖，当我们剥开口香糖并把它丢在口中的时候，我们随即会把包装纸扔进垃圾桶；如果我们倒一粒装在盒子里的口香糖，扔进嘴巴里，同样的，当我们嚼完之后，该怎么处理它呢？比如你周围可能没有垃圾桶，你手边可能没有什么纸张……设计师Gonglue_Jiang的方案，从行为和产品的周边出发，如图4.29所示，解决吃过的口香糖的丢弃问题。

电脑已经在我们的生活中迅速普及，孩子们也将越来越多的时间花在电脑上。长时间近距离的使用电脑，显示器会对眼睛造成一定的伤害，必须保持合理的视距，图4.30是一款安置在电脑显屏上方的工具，可以把它称之为一款视距仪，无线电接收器接收距离感应器的信号，如果孩子的眼睛距离屏幕太近，这个工具接收到这个信息，就让屏幕变模糊，这样孩子就只有调整到合适的距离，屏幕才会变清晰。

几乎每天我们都要和电脑打交道。台湾设计师郭彦良发现，我们携带笔记本电脑去开会或者做演示的时候，有一大堆的东西需要我们去处理：电脑、鼠标、资料袋或其他东西。我们总是一手拿着电脑另一只手不得不用来拿鼠标，如果需要准备的手头资料多些根本无暇顾及。他设计了如图4.31所示的这款叫做Clip Mouse的鼠标，就像一个夹子，把它夹在笔记本电脑上不但方便携带还能够让另一只手被完全解放出来。为了防滑，在这个产品的内侧采用了橡胶材料来增加摩擦力。在技术上，采用多点触摸技术的应用取代了传统鼠标的按键和滚轮部件，大大缩小了Clip Mouse的体积。

图4.29 设计师Gonglue_Jiang的方案，解决吃过的口香糖的丢弃问题

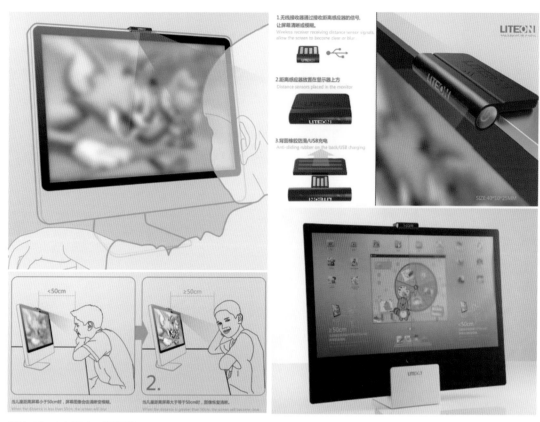

图4.30 LITEON视距仪

图4.31 Clip Mouse鼠标

4.3.2 功能延伸

功能延伸是在原有功能基础上，通过再设计，延伸出新功能的方法。这种方法适合于产品迭代，在原有产品的基础上增加一些新的卖点，设计的时候，要注意延伸功能与原有产品的自然融合。

图4.32是俄罗斯设计师Dima Loginoff设计的一款灯具，在普通灯具的基础上，植入了山水的概念，营造了不同光照下的山景。在实用功能的基础上延伸出装饰功能。

图4.32　俄罗斯设计师Dima Loginoff设计了这样一款灯具，在实用功能的基础上延伸出微型景观、小雕塑的装饰功能

4.3.3 功能增强

功能增强是指在原有功能基础上，通过设计，强化原有功能，让原有功能更强大。这也是产品迭代的最常用方法。

一方面，人们要去健身，另一方面，人们又要使用能源，你有什么办法让公园里那些健身器材被人们使用的时候再创造新价值？图4.33是设计师Moradavaga在葡萄牙Guimarães国际艺术中心外面设计的一系列会发电的秋千，人们荡秋千产生的能量被收集起来，用于发电，电量被用来照亮秋千下面的灯。

秋千还具有秋千的功能，但比普通的秋千功能强大了。人们在玩秋千的时候，会觉得自己不单是在休闲娱乐，并且还在创造价值，在原来单一休闲功能上，情感体验得到了增强。

图4.33 能发电的秋千

4.3.4　功能改良

许多产品的既有功能确实为我们的生活带来了便利，但是在使用它们的过程中，也确实存在一些小麻烦，在我们着眼于产品的功能设计的时候，也可以思考一下有没有更好的方法，在实现产品功能的时候，在原有功能上进行改良，使其更加的适用？

以下两个方案分别试图改善我们日常最常用的一个物品——簸箕。图4.34是设计师对扫把上容易粘毛发且难以去除的问题进行的改良，在簸箕上增加了一个结构，简单地解决了这个问题。

图4.35是设计师Salih Berk Ilhan从不倒翁的原理出发，对扫把放置时容易摔倒的问题进行改良，解决了扫帚必须靠墙放的难题。

图4.34　解决毛发粘在扫把上的问题

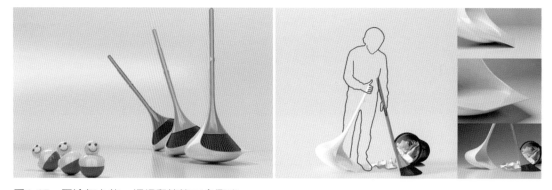

图4.35　无论怎么放，扫把和簸箕不会倒地

4.4 课程实践

任务

（1）找一个日常生活的问题，尝试解决一下。

（2）观察老龄人生活，用照片或者视频记录一个老年人两天的生活，与其交谈，用设计帮他解决一个问题。

（3）尝试帮助身体有残疾的人，为他们设计一款产品。

（4）以"坐"为功能要求，设计完成一个具有一定结构、构造的形态，尝试把它制作出来。

目标

（1）学会观察和思考，强化观察和思考的作用，引导学生发现问题，帮助建立解决问题的能力，帮助建立对产品功能的认知。

（2）帮助建立对社会、对弱势群体和非常状况的关注。

（3）强调对生活的观察、思考和感悟。

预期效果

（1）用自己的眼睛观察，用自己的心思考，发现真实生活的另一面。

（2）帮助建立从功能角度思考产品的观点。

（3）建立酝酿新设计或者改进现存设计的思考方法。

（4）学会基本的功能表达。

预期反馈

在日常生活中，我们常常遇到这样或者那样的问题。比如笔记本越来越薄，因此我们在平坦的桌面上使用笔记本的USB插口或者闪盘的时候，越来越不便了，而USB插口还是单向识别的。我们往往要花一些时间才能搞明白我们是否插好了闪盘。图4.36是匡琪同学试图解决闪盘插口不便问题设计的曲面、双面插口闪盘。

因为吃饭的间歇我们可能会交谈或者做其他的事而暂时要放下我们手中正在使用的筷子或

者汤匙，而粘满食物痕迹的这些工具该放到哪里去呢？放在餐桌上？会觉得不卫生，因为待会要再次使用，放在碗上或者盘子上？图4.37是郭培丽同学提交的解决方法：从餐具自身出发，在餐具设计上做细小的形态变化，让餐具长一个"枝桠",支撑餐具站立，不弄脏餐桌同时保持餐具自身的洁净。而通常，我们是再设计一个餐具架，比如筷架。

顾一鸣同学在对一次上海某大学宿舍楼失火造成大量学生伤亡的事故的深度思考下，设计了一个高楼火灾逃生装置，以期帮助人们逃离火海，如图4.38所示 。

图4.39~图4.41 是孙秒、王帆、胡娜娜几位同学所做的以"坐"为功能的一个结构构造形态训练。

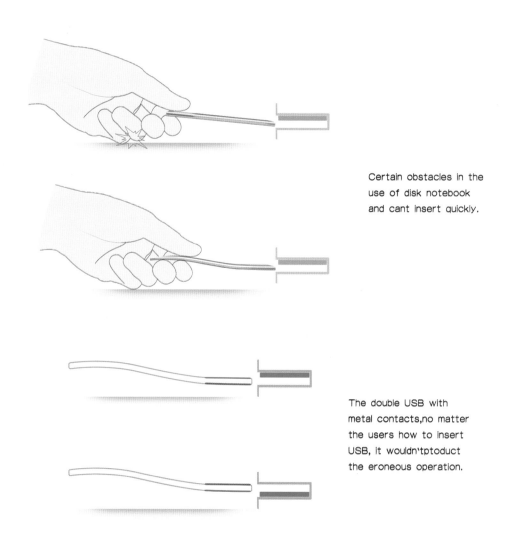

Certain obstacles in the use of disk notebook and cant insert quickly.

The double USB with metal contacts,no matter the users how to insert USB, it wouldn'tptoduct the eroneous operation.

图4.36　匡琪同学设计的曲面、双面插口闪盘

DOUBLE-SIDED USB

Double-sided USB contacts of design,
So that the user need not bent down to
find direction of the USB interface.

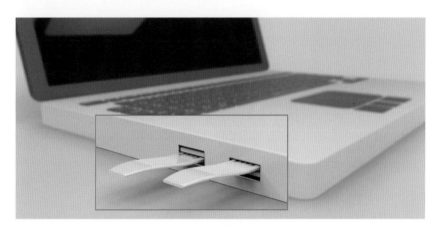

The unique of arc design make the user experience more humance.To udisk
users speaking,only know where the USB interface are.
So double sided contacts can make plug against chance down to least.

图4.36　匡琪同学设计的曲面、双面插口闪盘（续）

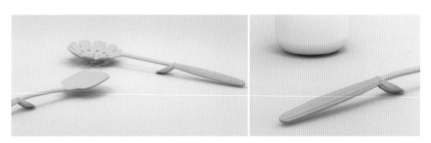

图4.37　郭培丽同学的餐具设计

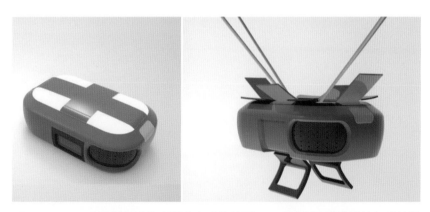

图4.38　顾一鸣同学设计的高楼火灾逃生装置。一个类似降落伞或热气球的装置，装置上设有开关，可以在跳出的瞬间弹开里面的伞包。当高楼着火时，可以打开装置，从窗子或者阳台上逃生，减缓下落的速度，起到保护生命的作用

图4.38 顾一鸣同学设计的高楼火灾逃生装置。一个类似降落伞或热气球的装置，装置上设有开关，可以在跳出的瞬间弹开里面的伞包。当高楼着火时，可以打开装置，从窗子或者阳台上逃生，减缓下落的速度，起到保护生命的作用（续）

图4.39 孙秒同学所做的以"坐"为功能的形态训练

图4.40　王帆同学所做的以"坐"为功能的形态训练

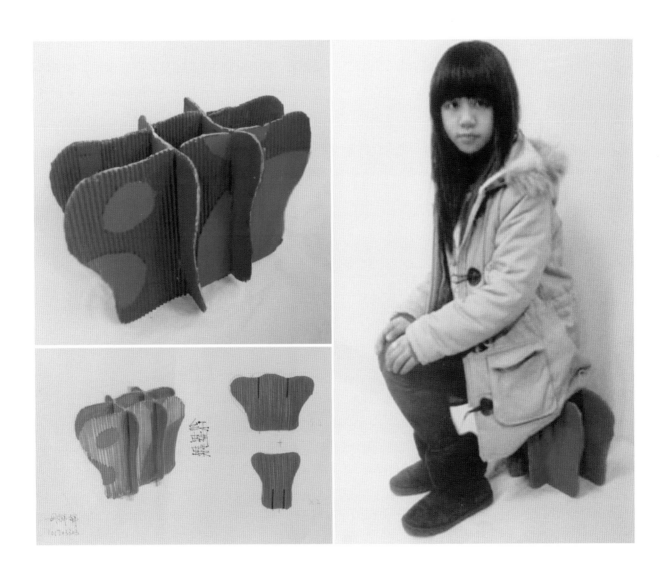

图4.41　胡娜娜同学所做的以"坐"为功能的形态训练

第5章

产品设计基础之形态

美观的物品更好用。——唐纳德·诺曼

本章要求与目标

要求：引导学生理解形态的意义，帮助认知产品形态，建立产品形态塑造的能力。

目标：建立从功能角度、使用角度、人的认知角度思考产品形态的观点。

本章教学框架

5.1　认知产品形态

　　5.1.1　表现功能的形态

　　5.1.2　相同的功能，不同的形式

　　5.1.3　表现行为模式的形态

　　5.1.4　表现情感的形态

　　5.1.5　模拟日常生活中熟悉的事物的形态

　　5.1.6　塑造可爱的形态

　　5.1.7　模拟事物在某种状态下的情境

　　5.1.8　通过传承文化，营造意境来塑造有情感的形态

5.2　形态的获得

　　5.2.1　形态的不确定性　　　　5.2.2　形态的延展性、模块化

　　5.2.3　形态从关联物中来　　　5.2.4　形态从传统生活中来

　　5.2.5　让形态更简约　　　　　5.2.6　让形态更复杂

　　5.2.7　合二为一：形态之拼接

5.3　形态的审美

　　5.3.1　形态的比例与尺度　　　5.3.2　形态的整体与局部

　　5.3.3　形态的稳定与轻巧　　　5.3.4　形态的对比与协调

　　5.3.5　形态的错觉

5.4　形态的要素

　　5.4.1　点　　　　　　　　　　5.4.2　线

　　5.4.3　面　　　　　　　　　　5.4.4　体

5.5　课程实践

本章引言

大自然给我们提供了无穷无尽妙不可言的形态，我们怎样去使用？去简化，去提炼，去表达？怎样才是合适的？怎样才是美的？自然中的美与人工事物的美相同吗？如果我们把一个自然形态套在一个产品上，它还美吗？

5.1　认知产品形态

所谓"形态"，即"形状"和"神态"。"形"是指物体外在的形状样貌，是物品的外在形式。"态"则是指物品内在呈现出的精神特质，是蕴藏在物体内的内力运动状态。

产品形态是实现产品功能、传递产品信息、表达设计思想的第一要素。产品内在的性质、组织、结构、内涵等本质因素上升为外在表象的结果就是产品的形态。产品形态是构成该产品的材料、结构、工艺、功能、色彩等多种物质因素和文化、审美、设计思想等非物质因素共同视觉化的反应。

在设计中，我们不仅仅要给予产品一个"形"，更重要的是要赋予产品一种"态"，一种内在的精神特质。真正能打动人的，并不是"形"，而是有情感的"态"。那么，一件产品，究竟应该是什么样的形态呢？而那些新鲜的、动人的、合适的、恰当的形态又是从哪里来的呢？

我们在这探讨的形态，在工业设计发展的历史中，其代名词就是"形式"或者"形"。

人类在劳动、创制和使用工具的过程中产生和发展了对于形态的认知。从旧石器时代打制石块形成具有功能的形态，到新石器时期磨制石块来塑造形态，人类的祖先无意识的运用"减法"的造型方法去塑造形态，但本质上是追求器物功能的最大化。而随着烧制技术的发展，人类的造型能力也不断提升，在能够满足功能要求的器物身上，开始出现装饰美化，器物的形态也变得精美和多样化。在这样一个造型过程中，人们一方面创造着新形态，另一方面又模仿和表现自然，而技术的进步、材料的日趋多样化也让器物形态变得更加丰富。

随着西方国家进入工业化世界，在工业设计发展的过程中，有关形式的争论就没有停止过。从沙利文的"形式追随功能"，卢斯的"装饰就是罪恶"，到伯纳德·屈米的"形式追随幻想"，艾斯·林格的"形式追随激情"，无论是建筑还是产品，形式究竟怎么存在，一直是设计师不断探讨的问题。

无论形式怎么存在，不可否认的是，形式必须存在，如果没有物质的形式，就没有物质的产品。我们是不是可以这样理解，形式从功能里来，形式从情感里来，形式从幻想里来，形式从激情里来？

是的，形式可以从以上诸种要素中来，可以从自然界来，可以从生活习俗中来，可以从历史文化中来，可以从行为模式中来，可以从技术特征上来，也可以从其他艺术领域中来。

5.1.1 表现功能的形态

所谓"形式追随功能"（form follows function），是工业革命时期的形态观，是美国建筑师路易斯·沙利文提出的观点。沙利文说："自然界中的一切东西都具有一种形状，也就是说有一种形式，一种外观造型，于是就告诉我们，这是些什么以及如何和别的东西区分开来。"沙利文强调功能对于形式的决定性作用，并强调形式的符号意义，形式要力图能够告诉人们产品的功能和内涵。

表现功能的形态，在设计上更为重视功能改善，产品造型抛弃繁琐，力求运用简约、明快的方式，实现形式与内涵的完美整合。呈现出简洁、干净、少装饰的视觉特征。而简洁的形态在20世纪往往体现为几何形态或者有机几何形态。而现在，信息化设计中也依然会需要形式和功能的完美结合。对功能和外形的平衡，Google就是一个典型的例子。在后台，Google的服务器收集网络上几乎所有的信息，以复杂的公式进行运算、排序，但对用户而言，只需要在它那个简洁的页面中输入一个或几个要搜索的词，就可以得到自己想要的。Google首页的设计师玛丽莎·梅耶这样阐释产品的成功："在你想要的时候，给你所要的，而不是给你所有你可能要的，甚至在你并不需要它的时候。"设计应当与功能匹配，为顾客创造好的用户体验。Google的成功与其强大的搜索性能有关，也与其简洁的首页界面有关，它的成功更由于它强大的功能和简洁界面是匹配的。

如果不能满足功能需求，再美的设计也是无效的。把设计称为"新企业的灵魂"的管理大师汤姆·彼得斯（Tom Peters）非常痛恨一些酒店的设计，虽然那些酒店有着美轮美奂的设计。彼得斯一年大部分时间都在外进行商务旅行，他往往要在酒店房间坐着工作4~6个小时，但是，尽管酒店提供了舒适的睡椅和大衣橱，却没有舒适的写字台和椅子。很多星级酒店特别是针对商务人士的酒店没有意识到，它们的房间实际上是"办公室"。所以，无论是什么类型的产品，无论是什么设计，功能的需求应该是基础，是首先需要被满足的。

图5.1是韩国设计师Seungji Mun设计的狗窝沙发，是一款宠物家具。宠物日渐成为日常生活必不可少的伙伴，居住空间越来越多的要和家庭宠物共用，设计师将狗屋与沙发融合到一起，沙发成为联结人与宠物的工具。从形态上来看，这是一款典型的形式追随功能的设计。

图5.2是一款太阳能充电器，可以吸附在窗户上，吸收太阳能发电，给连接 USB 的电子设备充电。这个产品的形态设计也是紧紧围绕功能需求展开的。

落在地上的头发难以清理，缠在梳子上的头发一样难以清理。特别是长发女孩，梳理完头发后，梳子上会缠绕脱落的头发。如何解决这个难题呢？设计师Morris Koo和Scott Shimmy从功能出发，设计了图5.3所示的这款梳子，在清理时方便了许多，该创意获得了IDEA 2012设计奖。

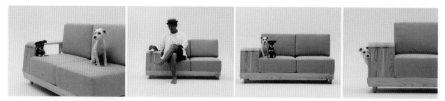

图5.1 韩国设计师Seungji Mun设计的狗窝沙发

图5.2 一款太阳能充电器

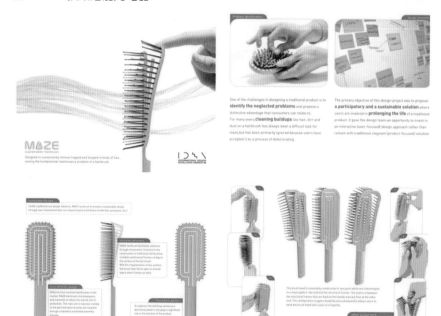

图5.3 多功能梳子

5.1.2 相同的功能，不同的形式

形式也应该具有独立性，也就是说形态本身也应该具有独立的可识别性。比如在声音、色彩、文字甚至功能等任何其他元素被屏蔽的时候，形态应该还是能够让人识别出其固有的能够代表的东西。

图5.4是广告人Brand Spirit 完成的一个叫做Andrew Miller的项目，他用100天时间将100件人们所熟知的商品完全涂白，现在我们仅仅只能依靠它们的形态来识别它们，但我们可以清楚地看出，它们依然有极高的辨识度，我们并不会将它们弄混淆或者认错。这些熟知的形象作为某种形象、某种品牌的代表，牢固地存在于我们的脑海里。

图5.4　广告人Brand Spirit做的项目Andrew Miller

对同一功能的满足或表达，可能有无数种不同的形式。任何不同的设计师，面对同一功能需求的表现，也会有不同的解决方法，不同的表现形式。

比如自行车的防盗，就是个让人头疼的问题。市场上有各种防盗锁，然而自行车依然被盗。让我们来看看下面这些设计师是怎么解决这个问题的吧。

图5.5这个自行车车座锁，获得了2012年红点奖，平时当然和普通车座没什么区别，只是，车座上有一条内凹的缝隙，锁车的时候，将车座向后翻，让后车轮穿过缝隙，密码控制的锁舌将伸出，从而锁住后车轮。

除了自行车座防盗锁，还有自行车龙头、脚架、车架、脚踏三角架等各个不同部位纷纷被设计师变成了锁。图5.6~图5.10是各种不同类型的、从不同角度出发解决锁自行车问题的设计方案。

图5.5　设计师Jack Godfrey Wood设计的自行车座防盗锁

Parking Handle
The most space-effecient
storage of bicycles

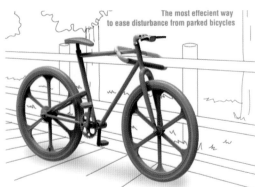

The most effecient way
to ease disturbance from parked bicycles

Handle Bar + Lock + Stand

The most space-effective
storage of bicycles

图5.6　另一种形式的自行车锁

Parking Outdoor

Step 1. Bark a bicycle.

Step 2. Push buttons.

Step 3. Separate handle bar from body.

Step 4. Use as a lock

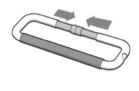

Parking Indoor

Step 1. Push buttons.

Step 2. Separate handle bar from body.

Step 3. Pull out the other side of handle.

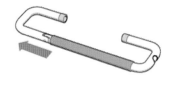

Step 4. Fold up the other side to use as a stand.

图5.7　同样是解决锁车的问题，设计师Soohwan Kim等人提交了不同的形式，新鲜的创意：Quick Stand & Lock，自行车脚架锁，通常我们停车的动作是：下车、支上脚架、落锁。设计师将脚架变成两节式设计，中间的"关节"部位是密码锁。脚架被做成反向设计，打开脚架，它会穿过轮子，伸到另外一侧去撑地。落锁的环节被省略掉，打开脚架的动作本身就是上锁。而开锁，则需要去拨动密码，密码正确了才能收起脚架

图5.8　在思考如何锁自行车的时候，来自Solgaard Design的创意致力于便捷的收纳和使用自行车锁。设计师想到的解决办法是，将车锁和自行车车座下的支架整合在一起，设计师将锁具藏在那根钢管里面，需要的时候，拉出来锁上，不需要了，直接塞回去

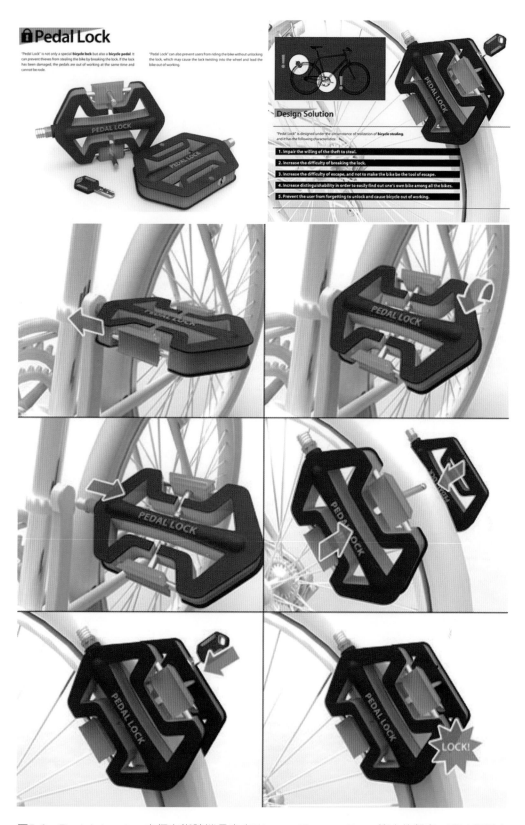

图5.9 Pedal Lock，自行车脚踏锁是来自Cheng-Tsung Feng等人的创意，设计师将自行车的脚踏板变成了车锁。停车的时候，将两只脚踏板取下往轮子上一扣，就能锁住轮子。停在那里的自行车看起来没有脚踏板

图5.10 英国设计师Kevin Scott设计的自行车锁更有趣，他让自行车自己锁住自己。Bendy Bicycle，可以弯曲的自行车。这款自行车看上去和普通自行车没有太大的区别，但是它的三角架可以在"刚-柔"之间自由切换。停车时，我们可以把三角架转换成柔性模式，然后将自行车绕着路灯柱弯曲至首尾相连，再将三角架恢复成刚性模式，自行车自己就把自己锁住了

5.1.3　表现行为模式的形态

"形式追随行为"（form follows action）即"形随行"的形态观是美国爱荷华大学艺术史学院胡宏述先生提出来的。他的这种观点在形式追随功能的基础上，更进一步强调了以用户为中心的人机交互设计，从人的生理、心理和社会的层面来研究人的行为和习惯对人造物形态的影响，或者说人造物的形态如何与人的行为和习惯达成一致，如何契合人的行为习惯，并反过来可能人造物的形态如何影响人的行为和操作习惯。

心理学认为"行为"是指人对外界刺激所产生的积极反应，这种反应可能是有意识的，也可能是无意识的，不管是有意识的还是无意识的行为，都应该成为设计师关注的对象，设计师应该创造合理的符合人们使用习惯的、人们无意识就能够使用的产品。

认知心理学家唐纳德·诺曼（Donald Norman）博士认为，设计必须反映产品的核心功能、工作原理、可能的操作方法和反馈产品在某一特定时刻的运转状态。这个观点包含了"形式追随功能"和"形式追随行为"两个内容，很显然"形式追随功能"研究的是"设计必须反映产品的核心功能、工作原理"，而"形式追随行为"研究的是"设计必须反映产品可能的操作方法和反馈产品在某一特定时刻的运转状态"。后者研究的基础就是人的行为模式。

我们在这里所说的行为，是指我们个人的行为动作、操作使用方式和行为习惯。通过研究我们四肢的行动，比如我们手指的运作或操作，如手指的按、扣、转、拨、扭、弹、指、抓、提、压、拔、推、拉、擦、画、刷、握，手腕的转动极限、手握的跨度等我们日常生活中经常发生的行为动作，为形式找到合理依据。也就是说产品的形态要符合人们的操作模式，符合人们四肢运动的习惯，符合人们日常行为的习惯，强调设计师创造出来的产品形态要具有指示性、易用性。而设计师通过对人的不断发展变化的行为的研究，会发现人们行为中习以为常、不易觉察的细节，从而让创造新形态、新操作模式成为可能。

比如阅读这个行为，会需要哪些产品？

仔细观察阅读这个行为，会发现在这个过程中，人们会用到很多辅助的产品，比如书签、眼镜、放大镜、镇纸等。那么这些产品，又都可能是什么样的？它们对应着人的哪些行为模式？通过研究或者观察人们的阅读行为，设计师又是否带来什么新的设计来影响人们的行为方式？

如图5.11所示，下面三款产品分别从分析人的行为模式出发，提交了不同的新鲜方案。第一款是灯和书签的整合；第二款是把阅读灯和桌上置物架做了一个整合，把阅读灯变成了一个小桌，既解决了照明的问题，又带来更大的功能空间。第三个产品把放大镜和书签做了一个整合，对于需要用放大镜来阅读的人来说，不用再专门备一个书签了。

图5.11 三款产品分别从分析人的行为模式出发，提交了不同形式的方案

而品物流形的设计师则研究人们阅读前后的行为模式，设计了如图5.12所示这款蜡烛灯，观察人们的阅读习惯后，用一种新鲜有趣的方式解决人们的读书间隙书籍放置问题。人们常常在睡前阅读，很多人有这个习惯：看书，然后关灯，睡觉，第二天晚上，开灯，看书，关灯，睡觉。这是个一连串发生的行为，它们之间有着强烈的关联。那么。我们还是要知道自己之前读到了哪一页。如果变成放书，关灯，睡觉，而放书的时候刚好就把书夹在灯柱上，既可以知道读到了哪里，再次阅读时又可以随手拿起。是不是很好玩呢？似乎是漫不经心，又充满了生活的痕迹。图5.13是荷兰设计机构DROOG设计的房子灯，恰好也是探讨了照明和阅读行为之间的关系，但却提交了完全不同的形态。

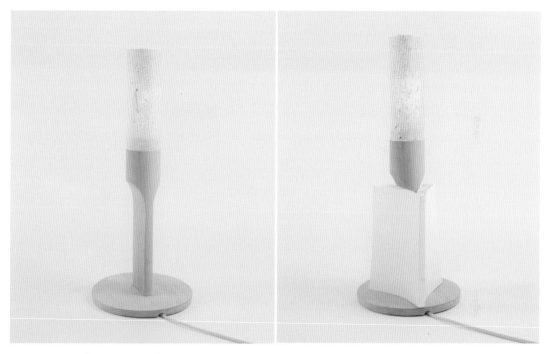

图5.12　品物流形设计的蜡烛灯

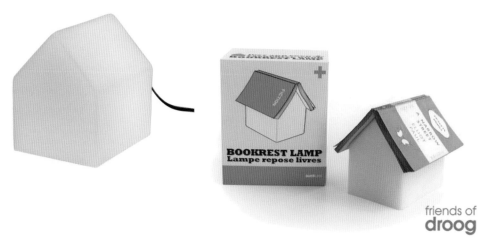

图5.13　荷兰设计机构DROOG设计的房子灯

使用现有产品，哪怕它真的不方便，时间久了，也会习惯，而习惯是最容易让人麻痹的。仿佛这个产品就是这个样子，理所当然。设计师就是要从人们已经习惯了的行为中找出使用的不便，体现设计的力量。

比如在喝瓶装水或者瓶装饮料时你是什么样子？你觉得舒服吗？你肯定已经习惯了。有没有可能不是这样呢？比如，换个角度？可能脖子就不会那么吃力了。Hsu Hsiang-Min、Liu Nai-Wen、Chen Yu-Hsin三位设计师把普通水瓶的脖子向下旋转了45°，仅仅是一个位置的变化，如图5.14所示，让人们不必在瓶子面前难堪。这简直是一个微创新的典范。三人凭借这个设计作品获得了红点大奖。

图5.14　为了不让你仰着脖子喝水的歪脖子瓶装水

5.1.4　表现情感的形态

情感是在人的认识过程中，周围环境的刺激物对人们发生的具有一定意义的信号作用而引起的比较稳定的态度和体验，包括喜怒哀乐恐悲等心理状态。

"形式追随情感"（Form follows emotion）即"形随情感"，是美国青蛙设计公司艾斯林格提出的。

艾斯林格强调产品对使用者情感的影响与产品的功能一样重要，强调用户体验，突出用户精神上的感受，认为好的设计一定是建立在深入理解用户需求与动机的基础上的，设计者用自己的技能、经验和直觉将用户的这种需求与动机借助产品表达出来。艾斯林格曾说：设计的目的是创造更为人性化的环境，"跨越技术与美学的局限，以文化、激情和实用性来定义产品"。设计应该通过产品的外观和功能建立与发展用户与产品的关系，这种关系，需要通过情感来维持。没有考虑情感需求的设计是枯燥的，而用户对产品的每一次使用，都在累积对产品的情感，比如对产品的颜色、形态、材料、操作状态等各方面的感知。使用者对产品的喜好正好体现对情感的要求，设计师的任务就是要通过对产品的功能、形态等各方面的设计，来追随使用者的情感。

丹麦著名女设计师Nanna Ditzel说："设计需关注技术、材料、形式和功能，但我最关心的仍是人的情感因素，宁愿牺牲功能而不能丢弃情感。"

唐纳德·A.诺曼博士对设计与情感的关系也做了深入的研究，在他的著作《情感化设计》一书中，诺曼博士认为情感是人对外界事物作用于自身时的一种生理的反应，是由需求和期望决定的。当这种需求和期望得到满足时会产生愉快、喜爱的情感，反之，苦恼、厌恶。我们把人的各种情绪如愉快、喜爱、欢乐、激动或者惆怅、厌恶、痛苦、悲伤等作为情感的表象，而情感对日常的生活或者决策起着重要的作用。我们可以通过设计联络产品和用户之间的情感，为用户设计满足其情感需要的产品，当物品成为我们日常生活的一部分时，当它加深了我们的满意度时，爱，也就是积极的情感就产生了。这让用户会更加喜欢这个产品或者这个品牌的产品。

无论如何，期望与自己交互的机器也具有类似于人的观察、理解和生成情感特征的能力，必然成为高级信息时代人机交互的主要发展趋势。约翰·奈斯比特说："无论何处都需要有补偿性的高情感。社会中高技术越多，我们就越渴望创造高情感的环境，用设计软性的一面来平衡技术硬性的一面。"设计师要着眼于人的内心情感需求和精神需要，努力创造令人愉悦的形态，最终创造出令人快乐和感动的产品，使人获得内心愉悦的审美体验。

5.1.5 模拟日常生活中熟悉的事物的形态

情感通过个体对生理唤起的评价和对环境感知而产生，情感化设计核心主要在于引发用户认知愉悦从而为用户带来积极的情绪体验。

把日常事物的形态特殊地表现在另一个情境中，可以带给人们既熟悉又陌生的情感体验。以下两个设计，图5.15和图5.16，一个是大蒜形态的调味罐，一个是大蒜形态的灯具，都是将日常生活中熟悉的形态放在了新的情境中，带来新鲜的视觉体验。但大蒜形态的调味罐很显然更合适，因为大蒜本身就是一种调料，这设计就显得自然。

图5.17是法国女设计师Matali Crasset参加2007年米兰卫星展时的作品，躺椅、扶手椅和灯树。一个充满想象力和情感的作品。设计师在这个系列作品中将我们的日常生活和树可能产生的美好关系悉数列出，我们几乎可以想象自己的童年和少年甚至老年时代的光阴如何和这些设计作品发生关系。

图5.15 大蒜形态的调味罐，聚合的形式很适合餐桌或者厨房

图5.16 大蒜形态的灯具设计

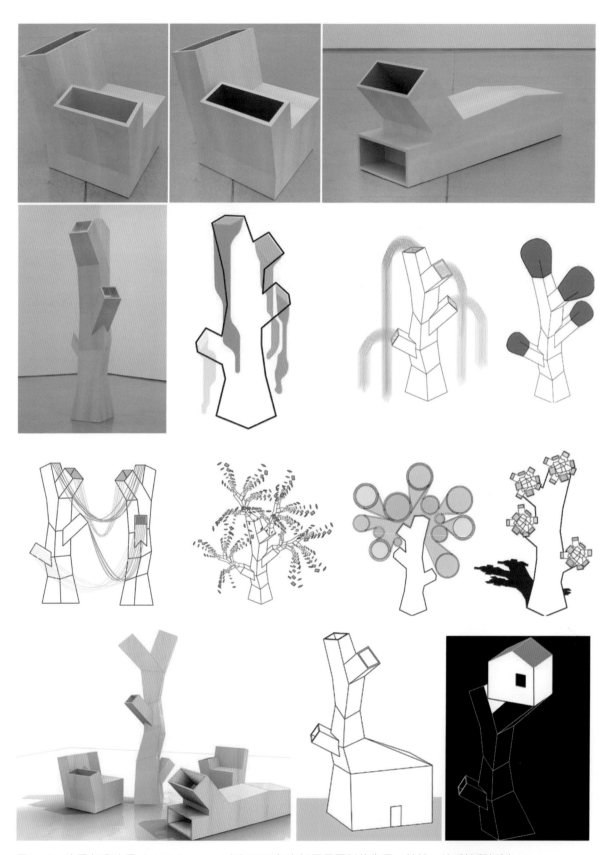

图5.17 法国女设计师Matali Crasset参加2007年米兰卫星展时的作品，躺椅、扶手椅和灯树

5.1.6 塑造可爱的形态

经常看到大家给某些作品的评价是"好可爱啊"，这就是一个典型的与产品情感交流后的评价。而一些可爱的动物形象、卡通形象总是更容易引起人们的情感共鸣。

图5.18是世界知名的银饰品牌Georg Jensen带来的办公用品"吸附别针的小磁鸟"，用带有磁性的金属做成的小鸟，形态可爱，回形针自然地被吸在小鸟的身上，恰如小鸟的翅膀，让我们看了，不禁微微一笑，很轻易地勾起我们的童心，与我们的情感产生共鸣。

而设计师Feng Cheng-Tsung & Wang Bo-Jin设计的这款名字叫做"巢"的回形针磁吸，完美地模拟了鸟巢的形态。如图5.19所示，鸡蛋形状的外壳里，可以轻易地吸附回形针，被吸附在下面的回形针就像不倒翁一样确保鸡蛋不会乱滚一气，回形针自然而杂乱的被吸附在周围，就变成了一个鸟巢的样子。不仅在形态上突破常规，更重要的是在操作上让我们获得快乐，似乎自己在搭建或者拆除一座鸟巢。

图5.20是Studio Gijs设计的蛋托，上面有小鸟站在树枝上，与鸡蛋一起相映成趣，仿佛某个儿童故事的一个场景。

将一个自然形态表现为一个产品形态却不是一件容易的事。并不是随便一个动物形态都

图5.18 Georg Jensen"吸附别针的小磁鸟"　图5.19 Feng Cheng-Tsung & Wang Bo-Jin"巢"回形针磁吸

图5.20 Studio Gijs设计的蛋托

是可爱的，也并不是任何一个自然形态都是适合产品的。这需要设计师具有提炼、简化、夸张等各种手段和能力。

图5.21是Katsumi Tamura带来的2013年日历。你不仅可以获得一本日历，还可以获得一个农场。一年的十二个月被分别设计成12种小动物，你可以自己组装这个日历，在享受这个DIY的过程中，看着这些很萌的动物，你的心也会变得温情，有爱。图5.22是幻想神州科技有限公司推出的折纸兔共振音箱，在形态设计上采用折纸的手法，很容易勾起人们对童年的纯真记忆。

图5.21　Katsumi Tamura带来的2013年日历

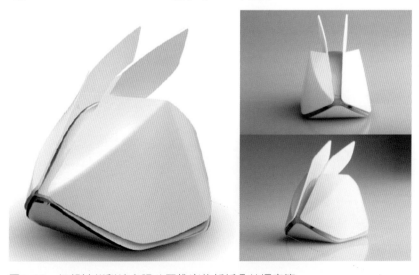

图5.22　幻想神州科技有限公司推出的折纸兔共振音箱

5.1.7 模拟事物在某种状态下的情境

除了模拟动物的形态，模拟事物在某种状态下的情景，模拟事物变化的过程或者过程中的某个节点的状态，也会更容易刺激人们的美好情感，给人们带来日常的美好。

很多事物在不同的状态下，会表现出不同的形态。比如水，固态、液态和气态的视觉形态是完全不同的。图5.23是建筑设计师扎哈·哈迪德设计的一款茶几，模拟了水流动时的状态，令人眼前一亮，仿佛可以听得见水汩汩的声音，看得见水流动的感觉，给人们带来全新的情感体验。

在扎哈事务所工作过的建筑设计师马岩松应该是深受扎哈影响的。图5.24是他的一个装置作品，是一块9尺×9尺×9尺、重27吨的黑色冰块，其内部是浓度不同的松烟墨。作品在开幕式的凌晨被放置在北京中华世纪坛的广场中，连续三天冰块在阳光和风的作用下，不断融化，融化的墨水随着地形向广场各个方向扩散。在融化过程中，冰块不断变化呈现着不同的形态，引起很多行人的驻足观看和议论。在三天中，地面上留下自然流动的黑色印记，物质消失了，连抽象的符号形式也消失了，只有时间的痕迹和在墨迹中无限延伸的想象的空间。这个作品带给人们强烈的情感体验，它表现了大象无形、无有相生、虚实相化等中国哲学。也让我们真实地体验到自然物象变化的奇妙之外。

如果说水是这样的，那么，你想过风是什么样子的吗？如何将我们看不到的东西表现出来？如图5.25是杨明洁的"风"茶几，形态来源于风吹过的感觉，是风的固态。

荷兰设计机构德洛格模拟病毒大量感染的状态。像真正的变形虫和细菌，30个无定形形式的液晶病毒"入侵"的桌子表面。木头、桌子烧过后留下的黑色圆圈图案。这些形态是不安而令人印象深刻的，如图5.26所示。

图5.27是DROOG的另一个作品，杯子模拟的是冰块在水中的状态。

图5.28是伦敦的一个设计工作室设计的杯子，形态从醉酒人的姿态中来，扭曲瘫软的样子，模拟人醉酒后的状态的同时，也提醒人们适量饮酒。杯子的形态和人醉酒的形态在观者的眼中形成一致的认知，能够轻易引起情感的反应。

无论是具象的桌子茶几花瓶，还是抽象无痕的装置，还是模拟醉酒的样子，形态的获得总是来源于内在精神，而不仅是形态本身。

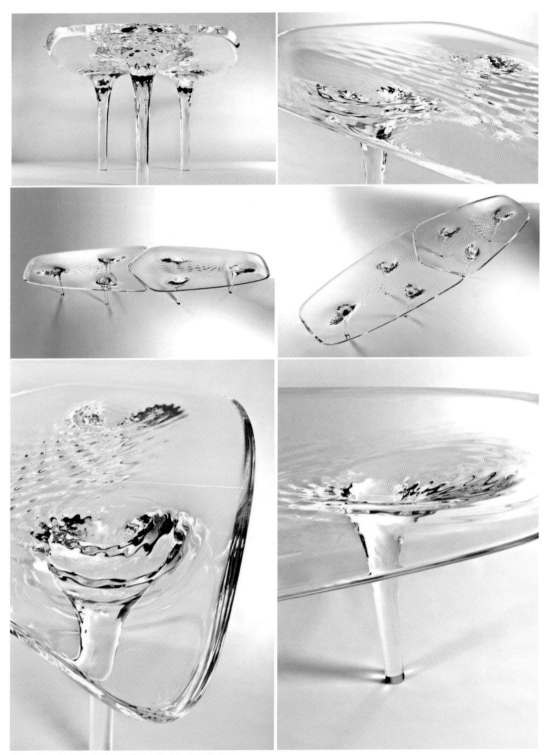

图5.23 扎哈·哈迪德设计的水一样的桌子

图5.24　马岩松的装置作品"墨冰"

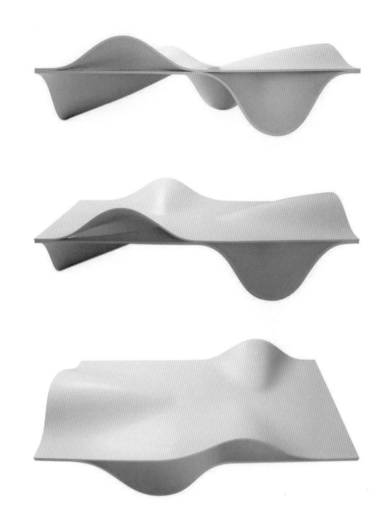

图5.25 杨明洁设计的"风"茶几

图5.26 荷兰DROOG作品"水晶病毒"

图5.27　DROOG设计的冰杯

图5.28　伦敦的一个设计工作室设计的醉酒杯子

5.1.8　通过传承文化，营造意境来塑造有情感的形态

一些设计师尝试用合适的产品形态来承载文化、人文关怀、哲学思辨、生活品悟、心灵停放等价值意境，试图通过这些来与消费者获得心灵的沟通和情感的交流。因此从文化角度出发凝练产品形态，从文化角度出发与消费者进行情感的交流与沟通，也是一个较好的手法。

洛可可设计公司的一款"高山流水"香台就是力图通过传承文化，营造中式意境来传递情感。着重通过抽象的形态，表达温和内敛、含蓄混沌的东方美。通过营造意境，帮助使用者感受生活的内在之美，寻求到内心的平衡，如图5.29所示。

除了洛可可上上系列，国内一些设计师原创品牌如三生无形、品物流形、自造社、素元等都在做着这样的努力，图5.30是杭州青年设计师吴作辰的作品"山峦"置物盘，也是基于这样一个理念下的一款中式风格的作品。

图5.29　洛可可的"高山流水"香台

图5.30　杭州设计师吴作辰作品

5.2 形态的获得

5.2.1 形态的不确定性

人们对某件产品的形态的认知，大多数时候是来源于生活中固有的同类别产品的形态。打破这种认知，会带来新鲜的感受。比如一个硬朗的、明确的、有分量的产品，其实也可以变成一个飘忽的、柔软的、轻盈的状态；或者一个明晰的、坚固耐用的产品也可能是模糊的、变化的、不确定的。

不确定的形态给人的感觉是感性的，随机的，偶然的，柔软的，神秘的，未知的。许多设计师致力于表达不确定的、柔性的、轻量的、纤细的、敏感的变化的形态，这些形态更加偏重于女性的、自然的、生长的、有机的审美体验。

图5.31是日本设计师吉冈德仁（Tokujin Yoshioka）设计的一款叫做"Honey-pop"的纸椅，设计师将120层玻璃纸用胶水粘在一起并加以精确的剪裁，使之成为六角的蜂窝造型。没有使用之前，这把椅子就是一个厚仅一公分的扁平状，展开后会变成一把轻盈的椅子。这把椅子会随着使用者的体态和动作而改变造型，不同体重的人坐在椅子上会把椅子压成不同的形状。这是一个对素材敏锐洞察而后革新的作品。这把椅子的形态伴随着坐的行为的产生、随着坐的次数的增加不停地在变化着。吉冈德仁比较注重概念和材料的关系，他说"我持续地实验着，想让普通的材料变得有趣，让有趣的材料变得更有趣"。这把椅子被纽约现代艺术博物馆选为永久收藏。

图5.32是日本设计工作室Nendo带来的作品LED灯笼。材质结合了日本合成纤维的新技术，是一种无纺聚酯长纤维，它可以通过热压成型，轻而耐撕裂，而且光线穿过它时会有优美的呈现。这款灯具可以自行决定吹多大，而且吹出来的形状具有很大的随机性和偶然性，有一种强烈的自然、有机、不确定性的美感。

图5.33是法国女设计师Inga Sempe的两个作品。上图是两款柜子设计：设计师在硬质的、明确的框架外面覆盖了软质的流苏状材料，让硬朗的、稳固的、力量的形态变得轻盈、模糊、不确定。下面这款灯具采用高密度聚乙烯合成纸为材料，纸张的褶皱和最终的形态似乎随时可以是另外一种模样，可能随着触摸会变形，并且似乎你可以自己去塑造它。

图5.31 日本设计师
Tokujin Yoshioka设计
的一款叫做"Honey-
pop"的纸椅

图5.32 日本设计工作室
Nendo的作品LED灯笼

图5.33　法国女设计师Inga　Sempe的两个作品

5.2.2　形态的延展性、模块化

模块化设计是在对产品整体形态、产品功能、产品材料与工艺分析的基础上，设计出一系列功能、结构相对独立的系列化、标准化的基本模块，通过选择、组织和整合模块来构成整体形态优美的产品，也可以通过选择、组织和整合不同模块来构成不同的产品，以满足市场需求的设计方法。

模块化设计是向不同需求层次的用户提供不同的服务，满足产品多样性、用户需求多变性的要求的设计思路，通过提供许多小的功能块，可以让用户按照个人的需要调整和重新排列组合，最终是给用户最大的自由。在功能及形态层面进行模块化创新设计，既能解决个性化需求的问题，还能做到低成本与高效率，是设计发展的趋势。模块化同时让产品的形态变得具有延展性，给用户带来更多的使用体验，如图5.34~图5.36所示。

图5.34是美国J1建筑事务所的作品"T.SHELF"。它是一个模块化系统，可以构建成多种形状的各种功能。比如各种形状的书架、茶几。

图5.34　美国J1建筑事务所的作品"T.SHELF"

图5.35　设计师杨明洁为意大利品牌NATUZZI所设计的模块化产品T-Box。这是一套多功能的家居系统，由一个400mm × 400mm的方形模块构成。内部设计了一个巧妙的T型支架，增加了单体的强度，并可以用作把手，轻松搬动。单独使用时，可以是一个茶几、矮凳或者边柜。组合使用时，可拼装成任意尺寸的书架、电视柜或者屏风，而随机变换方向的T型支架构成了一道梦幻般的有机画面

图5.36　荷兰设计师 Lisa Grahner在陶瓷材料和磁性金属材料的搭配以及模块化设计中做了一些探索。她设计的小型水景，利用陶瓷模块和磁性金属连接构件，可以根据自己的喜好和需要，自由组合；她设计的一组陶瓷茶具，也在设计中整合了磁性金属连接部件，形成多种搭配可能性，模块化的设计充满了游戏的味道

5.2.3 形态从关联物中来

我们在苦苦思索一些产品的形态的时候，可以从与这个产品相关联的一些产品中获得灵感，来确定一个与此产品协调一致的形态。

许多设计师设计了各种让用户能喝到适当温度的茶或者咖啡的产品，但是它们的形态看起来是一个新产品，思考如何让杯里的咖啡维持在合适的温度的结果是，设计师Dave Petrillo和Dave Jackson两兄弟设计了一种不锈钢温控咖啡豆（见图5.37），把这些咖啡豆放到你的咖啡里，不锈钢咖啡豆会吸热，杯里的咖啡会以3倍的速度迅速降到可以喝的温度，然后，这些不锈钢咖啡豆会释放之前吸收的热量。这个巨型咖啡豆其实是一个温度调节器，它能让咖啡恒温数个小时。它由不锈钢做成，在其中密封了约5盎司的特殊材料，这种材料在高于140华氏度（约60摄氏度）的时候就会缓缓溶解（溶解现象是发生在咖啡豆内部，因此也不用担心是溶解到你的咖啡里），并吸收掉咖啡中过剩的热量。而当咖啡放置一段时间，温度低于140华氏度的时候，这种材料则会固化，并释放出之前吸收的热量，从而让咖啡保持适当的温度。

我们常说"知识就是光明"，设计师Max Gunawan设计的一款名为Lumio的创意LED灯，如图5.38所示，外形如同书本一样，打开后真的就有光明出来。它由黑胡桃木、杜邦纸和可调光LED模块共同构成。Lumio除了可作为台灯摆放在桌面以外，还可以当做壁灯、吊灯、随身或应急照明。这款LED灯的"书皮"采用了真木制成，具有极佳的硬度，很好地保护了里面的折叠灯罩和灯泡。"书皮"内还嵌入了工业级超强吸力的钕磁铁，方便将它吸附在任何磁性物品的表面。使用时，只需将它像书本一样翻开，之后它内置的LED灯便会自动发出亮光，最大几乎能够照亮360°的范围，而且摆放方式也十分多样。使用时打开书本即是开启灯光，合上书面则能关闭。

图5.37　设计师Dave Petrillo和Dave Jackson两兄弟设计的一种不锈钢温控咖啡豆

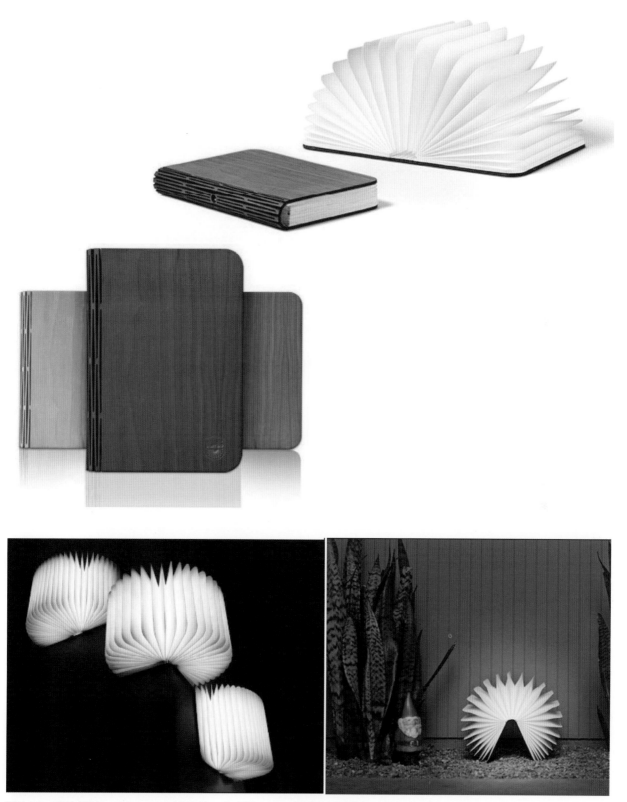

图5.38 设计师Max Gunawan设计的一款名为Lumio的创意LED灯

5.2.4 形态从传统生活中来

观察生活永远是设计师获得灵感的不二法宝，而传统的生活方式和生活器具逐渐被现代化的快节奏的生活所抛弃，一些优美的生活器具随着闲散的生活方式的消失逐渐消失了。也许我们该去追寻那些历经了几百年、几千年的时间，默默在人们的日常生活中发挥重要功能的产品，把这些传统生活的蛛丝马迹带到现代设计中来吧。

尽管设计永远需要提炼，产品形式总是相对抽象的，但设计的基础是对生活的理解。图5.39建筑设计师张永和跨界带来的作品"瓢"，就是对生活的再现。设计师对北方的锅碗瓢盆很熟悉，特别注意葫芦瓢，设计师说葫芦一劈两半掏空就是瓢。概念清晰，操作简单，非常智慧。瓢是从自然转化为人工的，形式上当然不是抽象的。瓢来源于民间，也可以说没有经过设计，具有强烈的地方性。瓢的材料是植物的果实，是手工业时代的产物。瓢是无法在当代的设计文化，工业生产方式以及进餐习俗的语境中复制的。设计师引入餐具设计的，是切葫芦的概念。设想对若干个单球和双球的葫芦进行角度不同的切割，便产生了一系列大大小小形状各异的碗碟。设计师为餐具设计了存放架：餐具不用时，又可恢复葫芦原来的形状。因此，切葫芦的概念是看得到的。作品最终由精细的骨瓷来实现，是想完成从手工到工业，从农村到城市，从传统到当代，从粗犷到细致的一系列转化。瓷器从瓢演化过来，但已不是瓢，瓷器的变化是规律的，形状是准确的，因此具有可重复性。骨瓷的细腻使设计并不停留在概念上，而构成物质的现实，需要通过观看、触摸、使用去认识。

图5.39　建筑设计师张永和的作品"瓢"

5.2.5　让形态更简约

简约而有品质的东西永远有人喜欢。在设计中做减法比做加法更难,你可以尝试一下不断减负到不能再减的层面。比如,摒弃掉所有不必要的装饰,或者将所有的结构严丝合缝地包裹在形态之内,或者细节精到,没有任何多余。当然,当我们不断地提炼,不断地剔除,剩下的,很快,就变成几何形状了。某种意义上说,简约,如果到极简,基本上就是几何形状的立体呈现了。简约、简洁,但不是简单,而是精致、简约、整洁。这意味更好的整体感、更注重质感、更谨慎的细节处理。

如图5.40所示的这套办公桌凳,给人干净简洁的感觉,大表面和细节之间整体和谐。简约的形态必然对应着简约的设计方法。图5.41是米兰设计师Cristiano Mino 用木块、塑料板、混凝土做成的一款照明灯"Micol Lamp"。他的设计方法简练,精减一切不必要的繁琐过程。这款灯,简约自然,一目了然而又亲切,还具有很好的操作性。

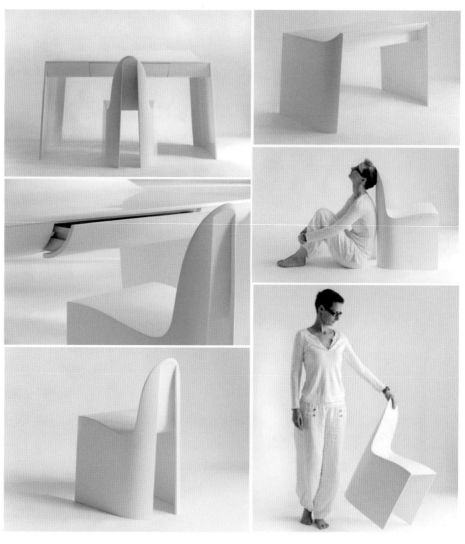

图5.40　一套简约的办公家具

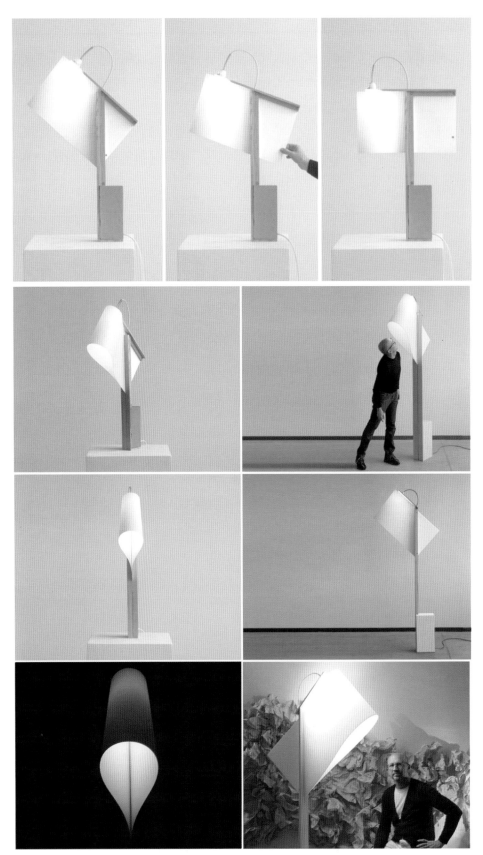

图5.41 米兰设计师Cristiano Mino设计的照明灯 "Micol Lamp"

5.2.6　让形态更复杂

设计师当然也可以用一个恰当的形态来表达一个概念，一种观点或者一种情感，而这个形态可能必须是复杂的，因为有时我们追求的质感只能通过复杂的形式才能呈现。如图5.42~图5.44就是追求形态丰富的肌理效果和质感或者追求特殊的效果，产品形态就显得较为复杂。图5.42是来自英国伦敦的一位设计师Gareth Neal设计的作品，他设计的这套系列家具叫做cut and groove，也被称为"幽灵"，设计师通过数位切割，或者木片的叠加，将传统的家具形式隐含在现代的形式当中，给人以全新的视觉质感。

图5.42　英国设计师Gareth Neal设计的作品

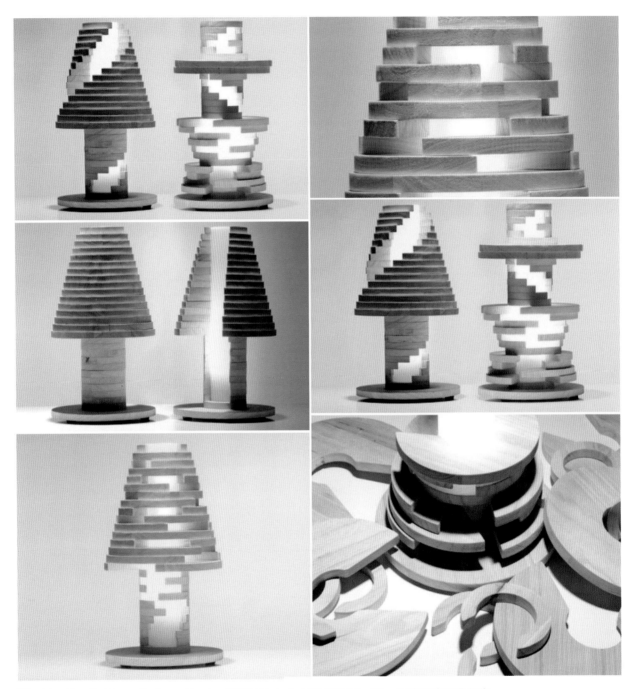

图5.43 Manifattura Italiana Design的设计Babele层叠塔台灯，将一个整体的形象解构

图5.44 Studio Toer设计的这款钢丝穹顶凳（Dome Stool），结构非常有特色，用了至少80根金属丝密集地弯曲成一个穹顶坐垫，当人们端坐其上，远远望去就像悬空坐在凳子上。这个复杂的形态只是为了实现设计师的设计意图，你也许会说，没有这个穹顶，这个凳子不是一样能坐吗？当然，只是，这是一款不同的凳子

5.2.7 合二为一：形态之拼接

将两种不同的产品或者形态有机地融合在一起，形成一种新的产品形态，也是一种获得新形态的方法。有时候设计师追求的是和谐，自然；而有时候追求的是冲撞之美。

如图5.45所示，"Cheap Ass Elites"是瑞典设计师Saran Yen Panya的作品，廉价的塑料筐制成的坐椅下面却是贵族风格的椅腿，通过这种荒诞的结合，设计者对路易扶手椅、奥斯曼椅、William Morris之类的"贵族阶层"风格设计进行讽刺，不同阶层间的冲撞被直率的展示出来。

图5.45 瑞典设计师Saran Yen Panya的作品"Cheap Ass Elites"

5.3　形态的审美

5.3.1　形态的比例与尺度

良好的比例和合适的尺度是塑造优美形态的基础。比例和尺度是用几何语言表现抽象美的艺术形式。合适的比例尺度是完美造型的基础。比例是相对的，是比较的结果，是造型对象各部分之间、各部分与整体之间的大小关系，以及各部分与细部之间的比较关系。尺度则是造型对象的整体或局部的尺寸以及这种尺寸与人之间的度量关系。任何产品都存在长、宽、高三个维度的比例和尺寸，我们通过调整整体与局部、整体与整体或者局部与局部之间的尺寸来获得理想的比例和尺度。

产品形态设计中，首先确定合适的尺度，而这个合适与否，衡量的标准便是人。只有符合结构、功能以及人机因素要求的尺度才是合适的尺度。

比例的确定，一般是先从整体大比例关系上推敲，当大的比例关系基本确定之后，再推敲细部及局部的比例，最后协调局部和整体之间的关系，使细部与整体完美统一。

一些特定的比例关系很美，比如黄金分割、各种数列等。

黄金分割率作为一种数学上的比例关系，具有严格的比例性、和谐性及艺术性，蕴藏着丰富的美学价值。许多产品设计中运用了黄金分割比例。

黄金分割率基于数字Φ=1.61803398874……该数字最早由意大利数学家Fibonacci提出。Φ是斐波那契数列1、1、2、3、5、8、13、21……中从第二位起相邻两数之比，即2/3、3/5、5/8、8/13、13/21……的近似值。在该数字序列中，下一个数字（从第三个开始）是前两个数字之和，即1+1=2、1+2=3、2+3=5……。该序列中两个相邻数字相比，如5/3=1.67、21/13=1.615所得的结果与Φ（1.618）越来越接近。

Φ被一些人认为是设计的普适常量，从帕特农神庙到蒙娜丽莎，从埃及金字塔到信用卡，都应用了这个比率。如图5.46~图5.48都采用了黄金分割的比例。

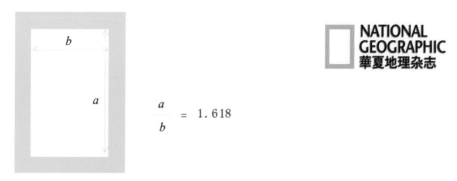

图5.46　美国国家地理的Logo，黄色的矩形框，该矩形框的长和宽的比值为1.618。基于黄金矩形的Logo与该组织的座右铭"激励人们去关心地球"十分贴合

图5.47 台湾设计师石大宇的作品，"圆满"提梁壶，将独特、纯熟的东方韵味和现代美感结合，杯子的设计巧妙地运用了黄金分割的比例，环绕杯身的圆形握环与杯身的比例为1：1.618。不但暗示使用者正确的握拿位置，更呈现出优雅的美感

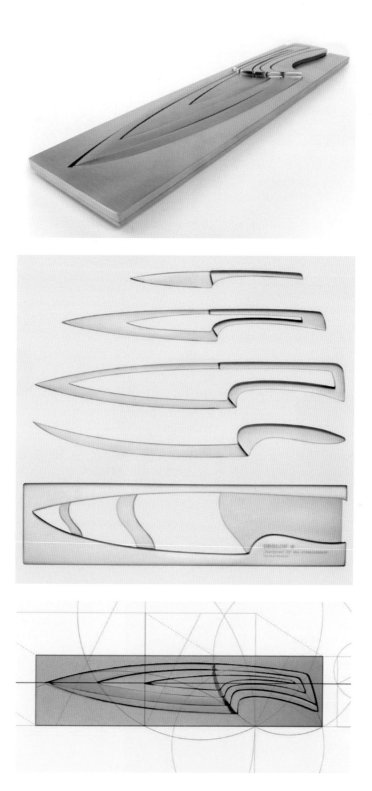

图5.48 设计师Mia Schmallenbach设计了一套厨房刀具,囊括了削皮刀、切肉刀、厨师刀和圆角刀,它们都是一体成型的不锈钢刀具。不用的时候可以把全部的刀子组合起来,不仅实用又方便收纳。这些刀具像是俄罗斯套娃那样嵌套在一起,像是从一块铁板上刻出来一样。刀具的比例符合黄金分割的比率

5.3.2 形态的整体与局部

在产品设计中，处理好整体与局部的关系，才有可能塑造一个优美的形态。一切局部的存在都是为了整体。在产品设计中，局部往往是功能构件，也有可能是装饰结构，当设计者在考虑局部的设计时，对局部的大小、形状、色彩、材质、位置都应该放在一个整体形态中去观察、去安排。一般来说，相似形很容易得到和谐统一的视觉感受。我们可以在产品整体形态和局部形态中使用相似的形态，来获得和谐统一的视觉美感。

图5.49是设计师贺步弢设计的一个指夹式脉搏血氧仪和一款腕式血压计，两个产品的设计都注重整体形态和局部形态的统一，产品的各个部分很好地融合在整体形态中。

图5.50是哈萨克斯坦设计师Igor Mitin的ZEN香水包装设计，局部形态重复变化，统一在整体形态中，优美和谐。

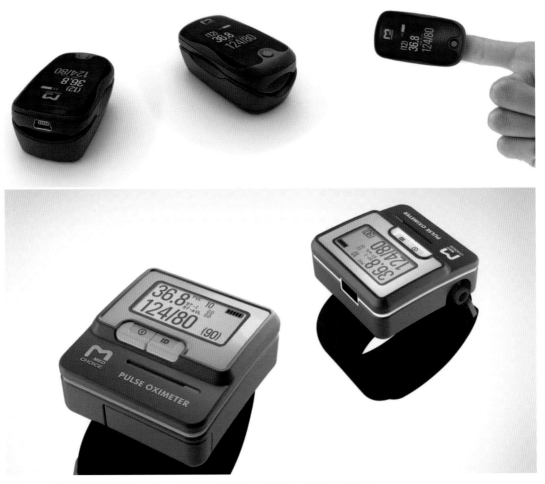

图5.49　设计师贺步弢设计的一个指夹式脉搏血氧仪和一款腕式血压计

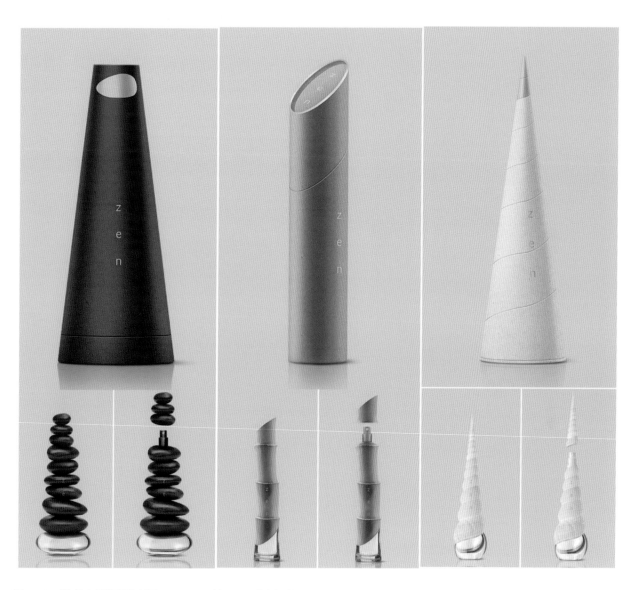

图5.50 哈萨克斯坦设计师Igor Mitin的ZEN香水包装设计

5.3.3 形态的稳定与轻巧

产品的稳定包括物理稳定和视觉稳定。产品的功能不同，对形态的稳定度要求也不同，比如一些大型机床，就要求有强烈的稳定感，而一些家居用品，则结构上要求实际稳定，但在视觉又需要更多的轻巧感，还有一些产品，比如交通工具、运动产品的形态，既要求实际稳定和视觉稳定，又要求在视觉上有运动感和速度感。

产品形态的稳定与轻巧感觉与物体重心、产品体量关系、产品结构形式，产品色彩及分布，产品材料质地以及产品形体分割等几个方面有很大的关系。如图5.51~5.53，因为形态和比例的不同，形成不同的稳定、轻巧的视觉感受。

图5.51 Georg Jensen设计的女士腕表，轻巧的形态

图5.52 上小下大的形态具有较强的稳定感

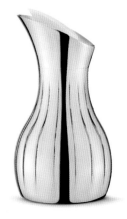

图5.53 Georg Jensen的容器设计，稳定而轻巧，同时具有方向感和流动感的形态

5.3.4 形态的对比与协调

对比是一种形式上的基本手段。将两种或两种以上的差异性元素并置，相互比较，从而让整体更加有视觉冲击力。但是对比元素多了，整体会显得杂乱，因此在产品设计中，对比可以有，但更重要的是协调。整体一定要有一个突出的视觉形象，对比要协调于整体之中。

我们可以通过以下方法来进行对比：质感对比、材料对比、色彩对比、体积大小或者面积大小对比、形状对比、方向对比、粗细对比、厚薄对比、虚实对比。如图5.54~图5.56所示，设计师通过各种对比形式来调和产品的形态。

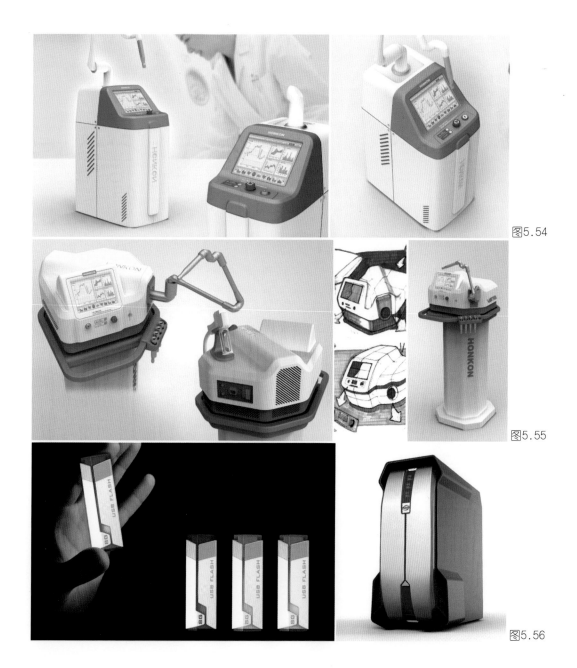

图5.54

图5.55

图5.56

5.3.5　形态的错觉

在设计中，不仅有实体的形态设计，有时候我们可以利用光、色的特殊效果，或者视觉延伸、形态错位、透明材质等手段营造视觉错觉，如图5.57~图5.61所示，获得独特的视觉感受。

图5.57是设计师Flavio Mazzone & Claudio Larcher设计的一款台灯，巧妙地利用了形态、空间以及光线和色彩，带来奇妙的视觉错觉。让人惊艳的是Joel Escalona设计的"Boolean"斗柜和吊柜，如图5.58所示，利用了色彩来获得视觉错觉，柜子看起来相互交叉，似乎相互嵌入彼此之中，但实际上每个抽屉都完好而实用。

图5.57　设计师Flavio Mazzone & Claudio Larcher设计的一款台灯

图5.58　Joel Escalona设计的"Boolean"斗柜和吊柜

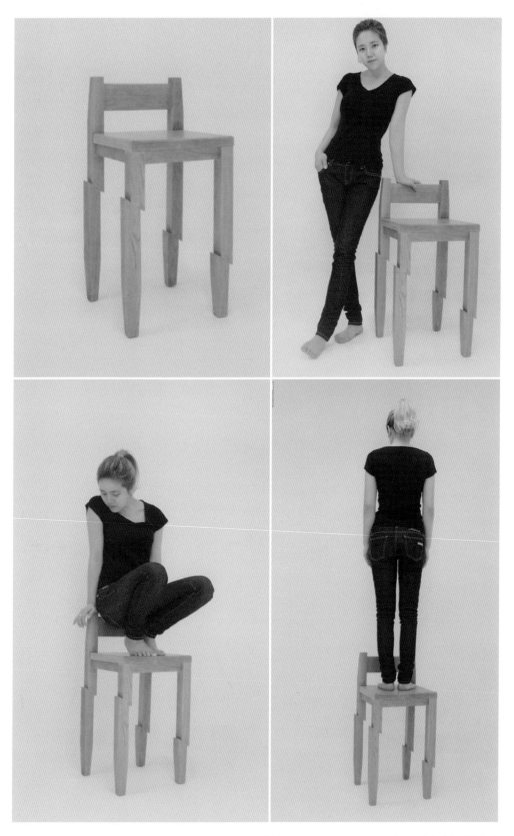

图5.59 韩国设计师Seo Young Moon设计的椅子"Samurai Chair"，看上去如同被武士刀切过一般，仿佛隔一秒就会咔嚓一声断掉下来，给人强烈的错觉

图5.60 Nendo作品"鬼故事"(Ghost Story)巧妙地运用材料特性,让椅子看起来好像飘浮在空中

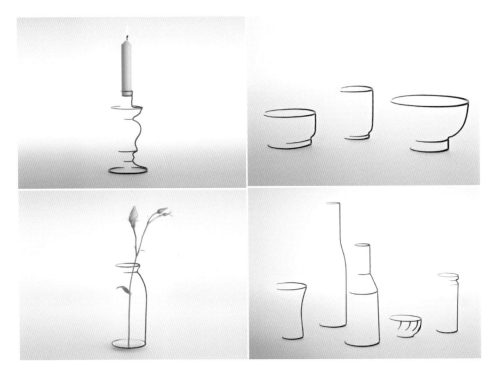

图5.61 写意是画家绘画的手法之一,但英国女设计师Maya Selway把这种手法应用到了产品设计中。这些看似未完成的烛台、花瓶碗等产品看上去酷似写意画,用氧化铜做成,设计师用了很长时间让这些产品保持站立平衡。这些产品主要功能为装饰,但如图中所示,烛台和花瓶可以正常使用

5.4　形态的要素

5.4.1　点

点具有聚焦的特征，一个点会成为焦点，两个点会产生方向感和连续性，两个一样大小的点，视线会在这两个点上来回往复，而产生〝线〞的感觉。如两点有大小之分，通常我们视线会从大点移向小点。而三个或者三个以上的点能形成一个虚〝面〞。如果有多个点，人们根据经验和知觉的恒定性，便会按一定的形来排列，从而产生一种虚〝形〞。

产品形态中的操作件如旋钮、开关、按钮，指示件如指示灯以及文字、商标等要素大多呈现为点状，具有不可忽视的实用和审美特征。在设计中，我们应该根据上述点的特征来进行操作部件的安排。

图5.62是日本设计事务所Nosigner的作品rebirth灯具和Hatch花盆，是用可降解的鸡蛋壳为原材料的redesign。设计师借用碎蛋壳易碎、不能批量生产，同时唾手可得的特点表达了〝反对过度消费，耗损资源，提倡‘open source products’〞的观点。灯具the moon，利用月球真实的3D数据，小比例的还原了月球表面，将之做成了可以托在手中的LED灯。这些作品都运用了面材，但有时面材体积过小，给人点的感觉，比如鸡蛋的壳，又因为有很多个鸡蛋的聚集，又有体的感觉，这正是点线面之间的模糊过渡。

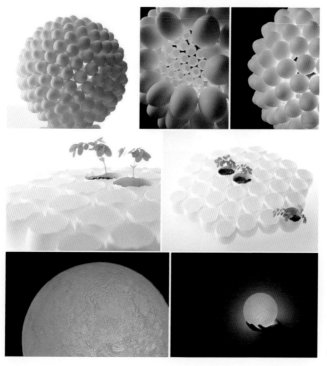

图5.62　日本设计事务所Nosigner的作品
rebirth灯具和Hatch花盆

5.4.2　线

线性的产品形态具有轻盈、镂空的感觉，具有虚实结合的视觉效果，线能够营造方向感，直线给人以刚直、坚实、明确的感觉，曲线则给人以优雅、柔和、轻盈的感觉。

线材质感和粗细不同，又带来不同的视觉感受。粗直线可能会给人支撑、坚强、有力、稳定、粗壮、笨拙、顽固等心理感受；而细直线具有锐敏、脆弱等知觉特征；折线则具有节奏、动感、焦虑、不安等性格特征。相对于曲线而言，直线具有男性美的气质。

曲线也具有很多不同的属性，其中圆弧线给人以充实、饱满的感觉，椭圆形弧线相对柔软；抛物线具有强烈的速度感方向感，而流线型则自由摩登；双曲线平衡韵律，曲线是女性美的代表。

图5.63是设计师Joachim King设计的条纹椅，采用数控切割技术分层扫频设计曲线黏合的桦木胶合板制作，线材构造，充满了曲线的韵律美。

图5.64是Nendo设计的一系列黑色金属家具。被命名为"黑色细线条"，包括椅子和衣架花瓶，意图呈现一种类似日本书法所具有的意向神韵，轮廓是这次设计系列的主题，轻微的黑色线条就像是空气中的画图痕迹，使轮廓表面以及体量清晰地展示在我们面前。设计作品简单凝练的表现手法却与日本的书法不谋而合，这个设计轻易地打破了正常视觉中的"前"与"后"的关系，将三维的物体有趣地二维平面化，形成一种特殊的视觉效果以及空间感受。它以多面的、绵延形变的方式，使物体的形态在"组合"与"解构"两者之间进行交替衍变。

图5.65是英国设计师斯科特·贾维设计的"One Cut Chair"线材椅，对单块的胶合板进行切割加工，生产过程几乎不产生废料，环保又节约，线条流畅，又极富美感。

图5.63　设计师Joachim King设计的条纹椅

图5.64　Nendo设计的一系列黑色金属家具。被命名为"黑色细线条"

图5.65　英国设计师斯科特·贾维设计的"One Cut Chair"线材椅

5.4.3　面

面是产品形态中较为常用的形态。面有几何形、有机形、偶然形和不规则形等。面常常给人轻盈、延展、飘浮、覆盖等性格特征。

水平面具有稳定、确实、坚固、简洁的特点，曲面具有饱满、柔和、亲切、圆润、优雅、流动的美感。

面材的轻薄、覆盖，可折叠、易切割，是灯具设计最爱选用的形态。图5.66是一个灯罩，叫做C.LAMP，采用激光切割和折叠成圆筒。由聚丙烯制成，面材材质的使用，看上去轻盈、柔美。图5.67是荷兰设计师Robert Van Embricqs设计的可折叠成平板的桌子，充分地实现了面材、线材的穿插构成。桌子中间设计了一些巧妙的线状机构，让桌子在立体和平面间完美变换。

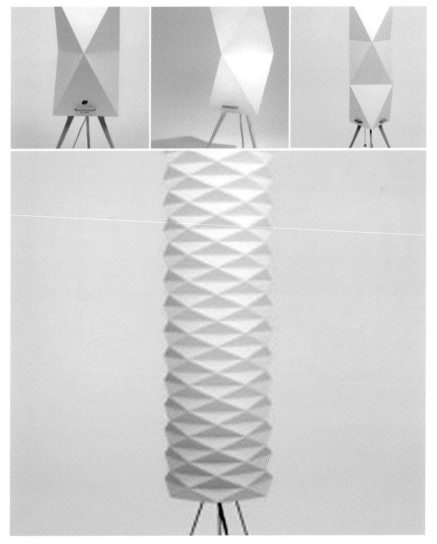

图5.66　C.LAMP 灯罩

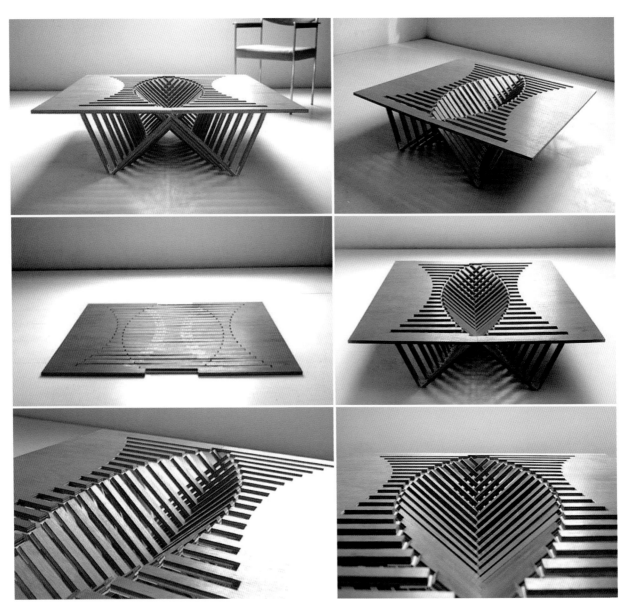

图5.67　荷兰设计师Robert Van Embricqs设计的可折叠成平板的桌子

5.4.4　体

体是具有长度、宽度和深度的三维体块，主要特性在于体积感和重量感的共同表现。

我们日常生活中接触到的大部分产品是体块感的。有的形态、材料本身呈现出体块的样貌，如图5.68所示，木材是有生命的材料，变形开裂有时难免。在物理性质与美感呈现上，每块材料都具有独一无二的面貌，虽然这代表的是树木的倾倒与死亡，若是我们怀着敬畏的心态来善待材料并慎加利用，不仅能丰盛生活，也会借此来帮助我们映照出理解生命形态的路径。设计师巧妙地运用木块开裂的痕迹加入灯光装置，唯美而有力量。

图5.69是荷兰设计师Studio Intussen设计的自定义展陈桌子"Pixel Table"。以像素化的方式满足我们个性化的需要，只需轻轻地推或拉，45厘米见方的它就能按照你的意愿，自由变换出多个陈列窗格，放什么东西都能完美契合。这是完美利用线材成就体块的作品，整体稳重、有分量，显示出体块的力量感。

图5.70是一款能放置物品的沙发，由许多个小块组成，小块又组成大的有分量的块，体现了块的特征。

图5.68　自然的块体，巧妙的设计

图5.69　荷兰设计师Studio Intussen设计的桌子"Pixel Table"

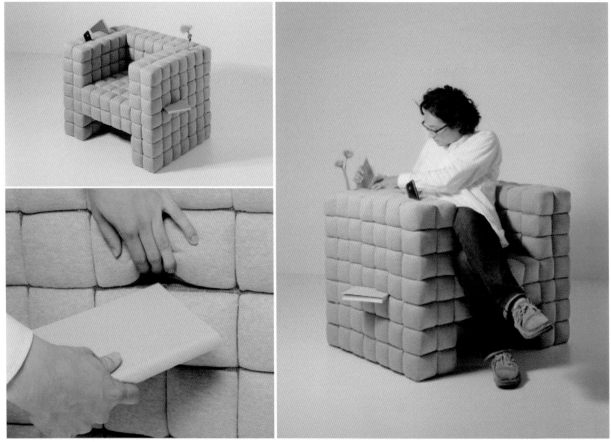

图5.70　小体块组成的大体块

5.5　课程实践

任务

（1）在"正的""负的""勤劳的""深情的""勇敢的""虚空的""含蓄的""未来的""当下的""传统的"等这些形容词中选择一个词，或者自己去找一个词来表现，为该词赋予一个载体；以你选择的那个词做形态设计，提交一系列表现该词含义的形态；将你赋予的功能简单的表现出来；对你的产品进行评价，它的形态是否具有你所选择的那个词的含义？

（2）寻找一个自然形态，对其进行抽象提炼，从而创造一个新的形态，但要求保留那个自然形态的某些典型特征，以符合人们的认知；赋予该形态功能；对你的作品进行评价，是否传达出你的设计想法？

（3）以立方体为基础，创作系列产品形态，要求必须是具有功能的系列产品形态。

（4）寻找一个生命体，以此生命体为基础，进行提炼和归纳，创造有功能体现的有机形态。

目标

（1）学会创造新形态。
（2）理解形态的认知意义。
（3）掌握形态的提炼和抽象方法。

预期效果

（1）尝试表现新形态，并通过形态设计对观者形成影响。
（2）理解形态和功能之间的关系。
（3）理解形态和材料之间的关系。
（4）学会用材料表现形态。

效果反馈

图5.71~图5.74是胡娜娜同学根据"传统的""未来的""中式的""歌特的"为主题所做的一些形态设计。

图5.75是彭刚阳同学的灯具设计，体现的要点是"现代的""几何的"。

图5.71　胡娜娜同学设计的首饰和容器——凤，传统的、中式的

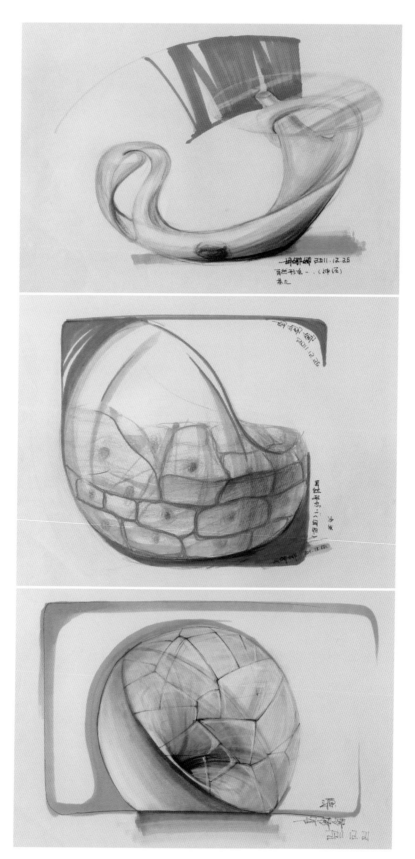

图5.72　胡娜娜同学设计的茶几、沙发和接收器——海洋生物，未来的、有机的

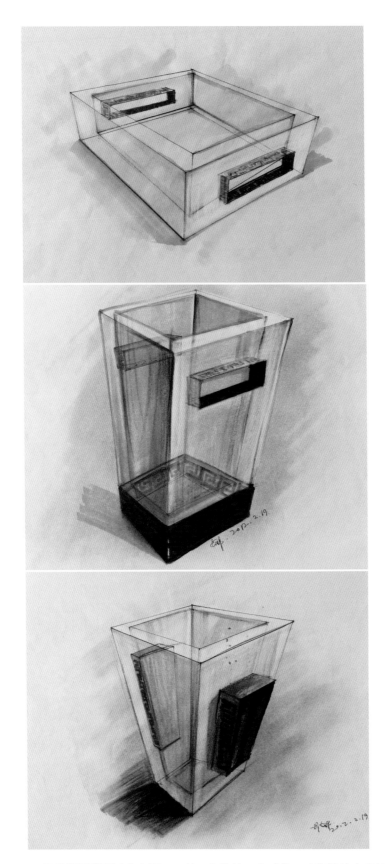

图5.73　胡娜娜同学设计的容器——斗，传统的、中式的、功能性的立方体

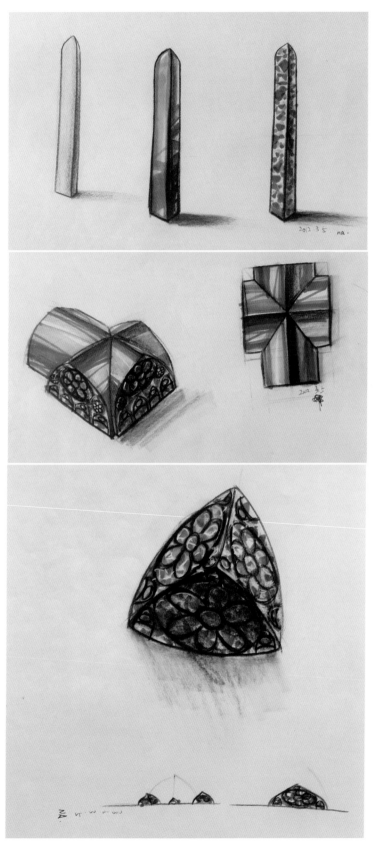

图5.74　胡娜娜同学设计的首饰，哥特的、文化的

图5.75 彭刚阳同学设计的灯具——星云，现代的、几何的

第6章
产品设计基础之材料

材料是产品的身体。

本章要求与目标

要求：了解产品功能、形态、材料、工艺之间的关系；

学会利用草模表达设计；

学会利用草模校验设计。

目标：强化对材料的认知，学会合理利用材料；

学会利用加工工艺表达设计；

培养动手表达设计的观念；

建立用手思考的观念。

本章教学框架

6.1 认知材料

6.2 寻找新材料

6.3 材料的创新应用

6.4 老材料的新用法

6.5 颠覆材料的知觉特性

6.6 工艺的力量

6.7 草模

6.8 课程实践

本章引言

对产品设计而言，材料是非常重要的一个元素。而加工工艺会赋予材料全新的价值。一个产品需要用材料来实现，需要用合适的加工工艺来让其更具品质。

6.1　认识材料

材料是产品形态实现的物质载体。工艺是加工和改造材料的技术手段。模型是利用材料和工艺实现的产品原型。

认知材料特性，了解加工工艺，学会用模型表达设计思维，是产品设计师应具备的重要素质。

材料有自然的和人工的，各种材料有其自身的性能特征，有物理的、化学的和视觉的三个方面的特征。比如材料的强度，材料的抗腐、防腐能力，材料的形状、肌理、色彩等。我们使用材料要充分利用材料特性来进行设计。材料的物理和化学特性决定了产品的内在质量，材料的视觉特性，特别是在使用了加工工艺后的视觉特性，体现了产品外在的视觉品质。不同的加工工艺能制造不同的视觉质感，从而让产品呈现出不同的视觉品质。

产品设计常用的材料有五大类属，木材、塑料、玻璃、陶瓷、金属。五大材料各有各的属性，但设计师经常在几大类属间跨界游走，突破材料固有属性来营造特殊的视觉效果，也会把几种材料混搭造型带来新鲜视觉感受。

除了以上五大材料以外，纸材也是很常用的产品材料。近些年来，纸材广泛地运用在设计领域，比如纸材建筑、纸材产品、纸材包装。

新材料、新技术的出现会推动设计向前发展。新材料、新技术让新形态、新结构成为可能，让产品呈现全新面貌。比如塑料及塑料加工工艺的出现，让产品整体成型成为可能。如图6.1所示，带来产品形态的极大突破。而现在流行的3D打印技术，又将带来产品成型的新突破。

图6.1　塑料的出现让产品形态有了极大的突破

6.2 寻找新材料

为了获得更好的功能，更好的产品形态，有时候我们需要寻找新材料，或者扩展材料的运用范围，把原来运用在其他领域的材料，合理地运用到新的产品上，让日常的产品更易用，更新颖。

比如硅胶这种材质，现在也被运用在家居用品中。碗、杯的开口太大，在倾倒食物的过程中容易洒。如图6.2这个容器运用了硅胶材质，轻轻挤压即可将容器开口变小，这个设计有没有解决你的烦恼呢？如果你的手或者脸不小心受了一点点伤，你需要使用创可贴，可是有时你会嫌创可贴影响你的状态和面容，其实你并不希望别人知道你受了伤，那该怎么办呢？图6.3是一款适用于各种肤色人群的隐形创可贴，可以随着皮肤颜色变化而随之改变自身颜色，最终与肤色融合、实现"隐形"效果，无论你是什么肤色。

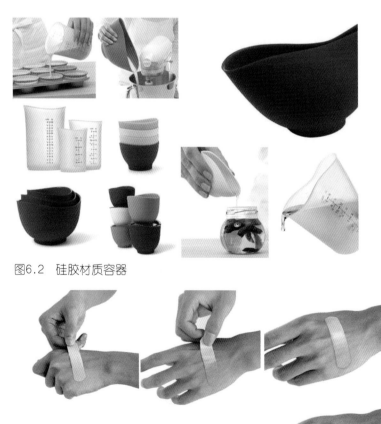

图6.2 硅胶材质容器

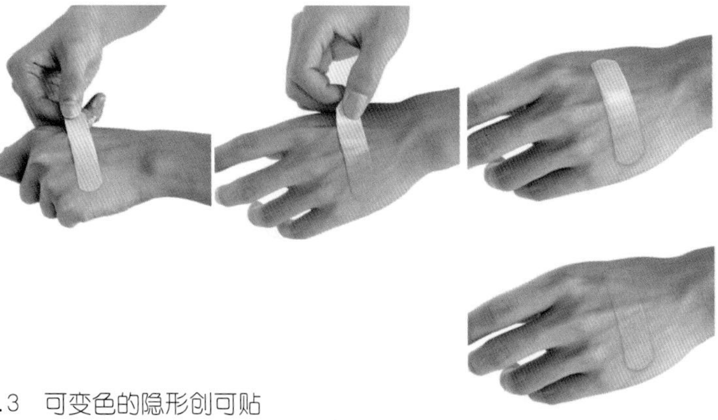

图6.3 可变色的隐形创可贴

6.3　材料的创新应用

设计师总是不满足于现有材料，很多设计师乐此不疲地寻找各种意想不到的材料，发现新材料，或者一些之前没有在该领域使用材料，将常用于其他地方的材质运用到新的产品上，带来意想不到的新鲜感。

比如你想过用我们吃的食材海带来做灯具吗？图6.4是国外一个设计师的作品。将海带洗干净，镂刻，晾干，在做好的灯具骨架外蒙皮，独具特色的灯具诞生了，散发着大海的味道。

还有沙子，你再熟悉不过的材质，你有想过沙子除了和水泥混合成建筑材料，除了做沙画，还能做什么吗?西班牙设计师Victor Castanera在沙滩上制作了如图6.5所示的这款沙碗，他用海水倒向海滩的沙地，水的冲刷力和重力把沙地冲出一个坑；接着将这个坑里的杂质去掉；用生态的丙烯树脂薄薄的浇在坑上；接着这层树脂开始硬化，等待硬化完毕后，将这层变硬的壳小心翼翼地从沙地中挖掘出来。这层壳儿有机，即兴，美丽，吸引人，它可以是深盘，杯子或托盘。这种可感触的，不使用机器，随机、偶然的创造方式，固然令人惊叹，但对材质的使用，更让人佩服吧。

以色列设计师Leetal Rivlinleetal制作的沙碗也有异曲同工之妙，如图6.6所示，通过将沙粒与黏合剂调制到一定浓度，使其在重力下依附模具自然流淌并逐渐凝固，多次重复操作后形成具有层叠感的碗状器形，将沙液流动状态下的自然美感永久保留。

对沙子情有独钟的还有设计师Nir Meiri，他利用细小的沙子设计了图6.7这款充满神奇的灯具，蓝天下金黄的沙子灯看起来漂亮极了，夜晚这盏灯则充满了温情。

此外，日本女设计师Nao Tamura设计了图6.8所示的这款有意味的仿生餐具 ″Seasons四季″。这个设计既深入地研究了日本的文化，又巧妙地运用了硅砂材料。日本饮食文化中习惯使用植物叶茎来包裹食物。这些树叶一样清新的碟子使用可以随意卷曲的硅砂材料做成，独特的柔韧性方便于灵活应用和运输，同时也很方便在微波炉、烤箱等厨房空间使用，柔软纤薄，极富创意。

而对于磁性材料的运用也会带来很多惊喜。许多设计师乐此不疲地将磁性材料运用在各种产品中。图6.9这组系列花瓶像是模仿小口尖底瓶的造型，底部是尖的，如果是其他材料，那就是不能站住的，设计师设计了一个底盘，底盘和瓶子都采用了磁性材料，这样一来，花瓶可以站住，就算是倾斜也不会掉下来。

总之，各种材料，也许原来就存在，也许是新创造出来，被设计师以设计的眼光加以利用，就焕发出光彩照人的能量。

图6.4 国外一个设计师的海带灯

图6.5 西班牙设计师Victor Castanera设计的沙碗

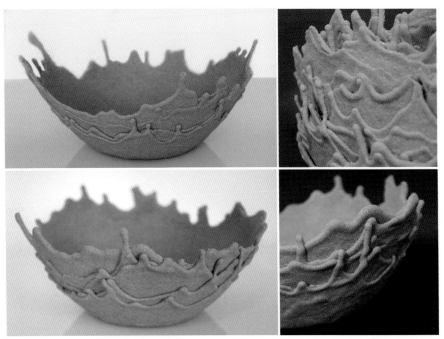

图6.6　以色列设计师Leetal Rivlinleetal制作的沙碗

图6.7　设计师Nir Meiri设计的沙灯

图6.8　日本女设计师Nao　Tamura设计的仿生餐具"Seasons四季"

图6.9　磁性花瓶

6.4　老材料的新用法

除了尽量寻找新材料，设计师也开始关注传统材料，希望能够找到传统材料与现代设计的切口。许多设计师开始尝试将传统材料与现代的工艺和审美相结合。这样老材料也可以用出新花样。比如纸材这种传统材料，用做包装，司空见惯，如果用在建筑设计制作上，就会让人惊艳，如果用在家具设计中，也会给人一种新鲜感。

俄罗斯设计工作室Art.lebedev设计了如图6.10所示这款纸板U盘"flashkus"。它用硬纸板材料制作而成，一套4个。使用时将它们撕下、分离，单个使用，使用时还可以直接用钢笔或者签名笔把文件、数据类型写在纸板U盘的表面，这套U盘有4GB、8GB和16GB三种不同容量。

日本和纸生产商ONAO，是以传统和纸生产制造为主的传统型工厂，如图6.11所示系列产品是该工厂与设计师深泽直人合作的产品SIWA。这一系列作品强调纸张表面揉皱的特殊美感，纸张韧性和强度很好，不容易撕裂。所有设计就像皮革加工制品一样，经过精心的设计与剪裁。

图6.12是设计潮品品牌ONE DAY的产品"撕不烂的纸钱包"系列，采用杜邦公司的杜邦特为强纸材，其已经在一定范围内广受好评！这一系列产品质感类似于纸，是图样极好的载体，且防水、耐用，不易损坏。

日本Drill Design工作室是一个勇于探索和运用新材料的设计机构。图6.13是他们设计的paper-wood椅子，采用木质单板和可循环利用的纸张制成。该款凳子不仅强调自身重量和承受力，同时，凳子本身还可以自由拆卸，安装在需要的空间。

丝瓜络在中国人的生活中该有多长时间了？除了很久以前用来刷碗，它是不是已经被我们遗忘？墨西哥设计师Fernando Laposse，用丝瓜络创作了如图6.14、图6.15所示的叫做foruler的系列作品。用的就是丝瓜络，看起来熟悉又陌生，使用大家都熟悉的材料，赋予其陌生的新鲜感。

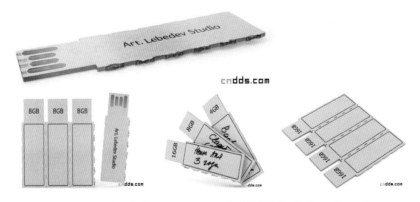

图6.10　俄罗斯设计工作室Art.lebedev设计的纸板U盘"flashkus"

图6.11　日本和纸生产商ONAO的产品

图6.12　设计潮品品牌ONE DAY的产品"撕不烂的纸钱包"系列

图6.13　日本Drill Design工作室设计的paper-wood椅子

图6.14 foruler设计的作品，利用的是丝瓜络这种熟悉的材料

图6.15 foruler作品创作过程，包括材料工艺、模型，有时候设计无关其他，只需要专注和实验

6.5 颠覆材料的知觉特性

材料的知觉特性是指材料给人的视觉、触觉和心理感受。对于熟悉的材料，通常我们会有一个特定的知觉感受，比如棉花是柔软的，钢铁是坚硬的。那么，我们有没有可能改变它们的这种熟悉面貌呢？就是说棉花可以是坚硬的吗？而不锈钢，又可以看上去很柔软吗？

一些公司和设计师致力于让材料有更多可能性。Fullblownmetals就是这样一个典型的不锈钢设计品牌，如图6.16所示，他们运用独特的不锈钢成型工艺，制造出一系列造型独特的设计品，其中包括家居用品，建筑内饰和艺术品雕塑。作品运用钢材弯折、扭曲和表面处理等多道工序，在制作过程中不使用模具，充分利用过程中产生的偶然性，创造出各不相同的产品。产品呈现出的柔和特性与不锈钢坚硬的材质形成鲜明的对比，超越了人们对于不锈钢的认识范围。

图6.17是一款叫做Like Paper的灯具，是设计工作室Aust & Amelung的作品，设计师将坚硬的混凝土材料制作得犹如轻薄的纸质产品一样，就好像一个强悍的金刚却拥有芭比一样娇柔的面庞，反差极大但是却能给人留下深刻印象。

德国设计师Elisa Strozyk的创意产品也是在挑战材料知觉特性。如图6.18设计师专注于探讨小体积木片的几何化组合，将通常感知中硬质的木材变得像纺织品一样柔软，无论是吊灯、斗柜、还是毯子和桌子，都给人耳目一新的清新感觉。

而知名设计公司IVANKA是混凝土材料在产品设计领域探索的先锋，把混凝土这种建筑材料用到了时尚行业。如图6.19所示，利用混凝土设计了一系列服装、手袋和盒子，坚硬的混凝土和柔软的面料形成微妙的对比，如它们的使用者一样，注重自我表达，有脆弱和强硬的两面性。

图6.16　Fullblownmetals公司的产品

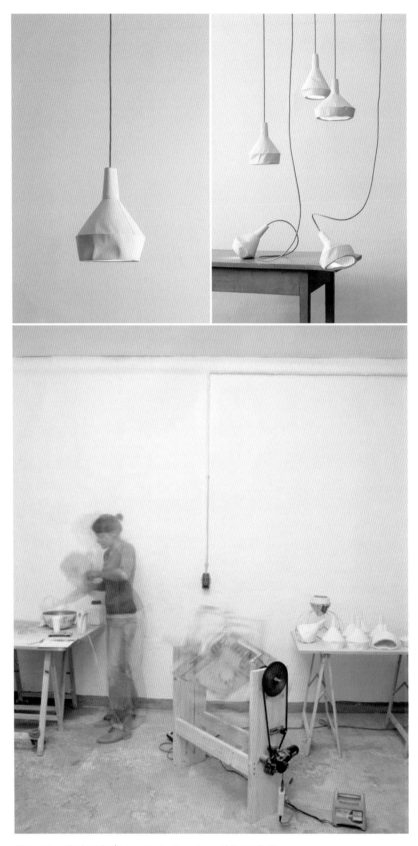

图6.17　设计工作室Aust ＆ Amelung的灯具作品

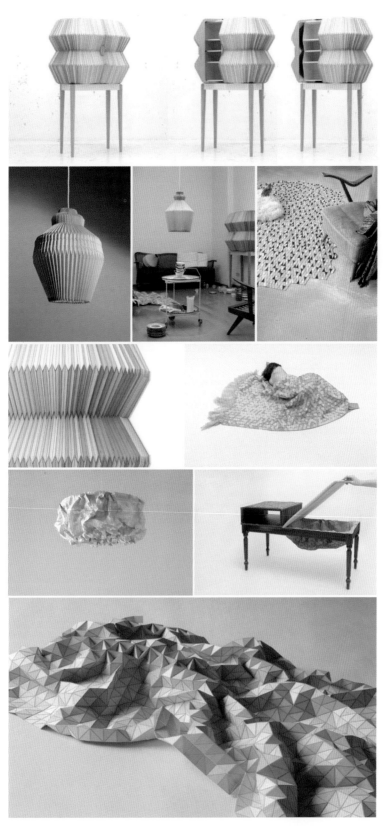

图6.18 德国设计师Elisa Strozyk的创意作品

图6.19　IVANKA公司的混凝土服装等产品

6.6　工艺的力量

对材料的研究不仅仅是对材料特性的研究，即便是对材料特性的研究，归根结底也是为了加工材料，加工材料的方法、技术就是工艺。对材料的理解力和表现力决定了设计师的创造能力，对工艺的运用同样也显示出设计师的水准，更决定了产品的品质。及时了解新材料、运用新工艺可以为设计带来意想不到的效果。基于新材料、新工艺的设计让人感到新鲜。

日本设计师吉冈德仁特别善于利用新材料和革新的技术来创造新产品。他不断地探索材料的特性，不断地探索成型工艺，让材料散发出让人惊艳的特征。吉冈德仁认为，在构思一个新的设计时可以分为三个部分，也就是三个英文字母：C、M和F。分别代表设计过程中的三大元素，C是CONCEPT，M是MATERIALS，F是FORM。"我希望用一种最朴素的方式让人们惊喜。我选择一件材料的原因不是因为它们新或者有趣，而是我希望能让它们变得有趣；色彩也一样。现在我要把重力和空间融入我的设计中去。我的目的是全新的设计，从没有人想到过的概念。"基于这样的创作理念，在吉冈德仁的设计中，现代感与东方传统哲学完美融合在一起。他总在作品中大量使用白色和透明材质，因为"白色在东方世界意味着精神、空间和思考"。图6.20是吉冈德仁的一组名为"the invisibles"的家具，包括桌子、沙发、座椅和长凳。采用透明的聚碳酸酯材质，强调轻盈和完全透明的质感，试图消解家具的存在感，让使用者感觉自己身处于漂浮的空气中。

图6.21和图6.22是吉冈德仁2006年的作品"面包"椅，不仅是指外形，而是指制作工艺像烘烤面包一样。设计师使用聚酯橡胶，这是一种透明的海绵状材料，可以根据需要选择软硬的程度。加工时，将海绵块弯曲，裹上一层布，塞入一个纸筒，然后放进烤箱，烘焙到104℃固定形状，拿出来就可以坐了！Tokujin Yoshioka 也像厨师一样，经过不同成分材料的尝试，也烤焦过好几个。而这个设计的源泉来自3年前，他在翻阅《国家地理杂志》时，对纤维和纺织品产生了兴趣，特别着迷于纤维结构，除了柔软，它有很好的结构性能，比如吸收外力，通风等，无数的小单元形成强大的一个整体。Tokujin Yoshioka 就独自一人开始研究和体验这种材料，设计作品体现了设计师对自主和偶然形式的热爱，以及作品最终出来后那种超出意识之外的美。

图6.23这件作品将原木和铝金属浇注在一起，在原始、温和、生命力的木头裂纹里注入滚烫的金属水，木纹、烟、焦熏、变黑、噪点，各种元素混合在一起形成能量涌动之美、物质缺陷之美、材质冲突之美、材质破坏之美、材质融合之美，在这种激烈的交锋下诞生了撼人心弦的伤痕美感。

一些设计师在日常材料之间混搭组合，尝试用新的工艺来加工它们。图6.24是瑞典设计师Petter Thorne设计的一盏干湿灯。设计师先找来一张白纸，把它浸湿水，然后将纸张摊在圆口支架上，再套上白纱布，为它定型，这样能恰到好处地呈现出褶皱，最后让其自行晾干。把晾干的纸张围在一个标准的低功耗的灯泡外面，在纸张的映衬之下，灯泡发出温暖而柔和的光芒。这精简而富创造力的灯具设计，仅仅用了一张浸湿水的纸，设计师的想象力令人佩服。

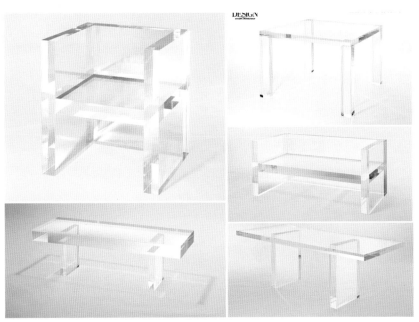

图6.20　吉冈德仁的一组名为"the invisibles"的家具

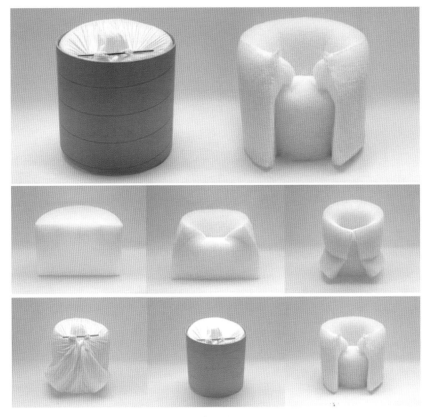

图6.21　吉冈德仁2006年的作品"面包"椅

图6.22　吉冈德仁Pane椅的工艺过程

图6.23　原木和铝金属浇注在一起的桌子

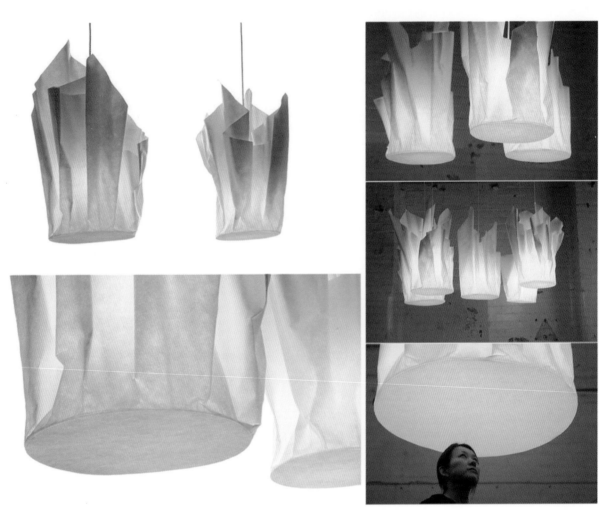

图6.24 瑞典设计师Petter Thorne设计的一盏干湿灯

6.7 草模

在产品设计的过程中，思考、草图、效果表现固然重要，但通过动手搭建来尝试表现想法是更有效、更能激发思维的一种方式。我们通常会认为模型是已完成的即将投产的产品的模型，其实这只是模型的某一个阶段。对于产品设计而言，草模——设计初始阶段为表现初步想法而搭建的快速、不太精细的模型，在验证创造性新想法并推进新想法前进的过程中，往往比一张画在纸上的图纸，用计算机画出的CAD图或者三维软件渲染出来的图纸要重要和有效得多。

相比较于手绘，快速草模的优点多多。比如赋予想法具体的外观，验证并推进模糊想法向前；将抽象概念变得鲜活，可视、可触，可推敲，暴露方案的优点和缺点，以利于方案的优化；允许同步探索更多想法等。

有时候我们把习惯于动手做产品而不仅仅是画产品的方法叫做"用手思考"，正是在强调动手做草模的重要性。

草模的特征

1）快速

设计师可以用便和容易操作的材料如硬纸板、泡沫、木块、塑料或者任何随手可见的东西来搭建草模。用胶带、订书机或者任何连接和黏合方式把材料固定成设想的样子。

2）粗糙

过于精细和复杂的模型，会限制人们的思考力，因为模型看起来已经是一个产品了，已经完成了，那会在一定程度上阻碍设计师获得有益的反馈。制作草模的目的不是制作一个可以工作的模型，而是赋予想法具体的外形，来检验初步想法的可行性，看是否具备接下来深入的可能，有哪些地方是值得深入，而又有哪些方面是需要改进的，以及在这个草模的基础上如何改进，甚至直接在草模上改进。

3）便宜

快速表现的新技术并不是不存在。3D打印技术已经越来越强大。利用3维扫描仪捕捉事物的数位，再进行对位合成，可以获得和实物一样的仿真数据，输入到3D打印机中，就可以打印出和实物一模一样的形象。设计的图纸一样可以被打印出立体的产品。但是3D打印昂贵，不适合作为前期验证不成熟的想法的途径。

图6.25是一款首饰的草模，设计师利用草模，较好地验证了设计想法，包括形态、尺寸、佩戴舒适度等各个方面。图6.26是胡娜娜同学设计的一款椅子的草模，她利用泡沫来获得对形态的初步控制。

图6.25 选用量衣服的皮尺做戒指的草模材料，因为皮尺的韧性、宽度、弯曲后的光滑度比较符合设计师的想法

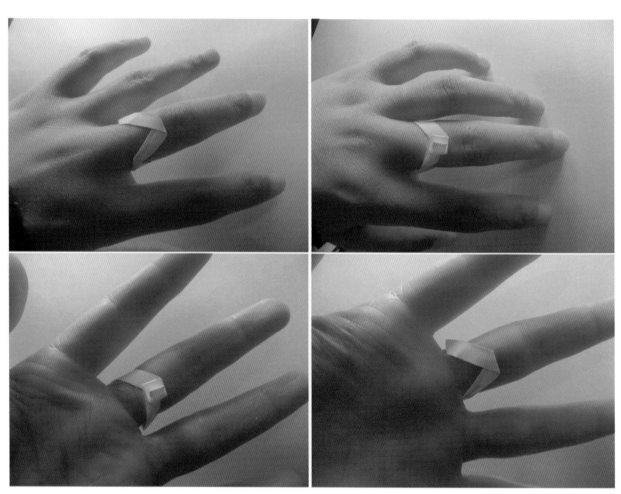

图6.26 一款戒指的纸质草模，能够帮助设计师快速地审视形态，调整比例，清晰地看到效果

6.8　课程实践

任务

将前面几个课题的图纸做出草模。

目标

（1）学会利用草模表达设计。
（2）学会利用草模矫正设计。

预期效果

培养动手表达设计的观念。

效果反馈

图6.27是廖卫超同学用一次性筷子做的首饰草模和银质的最终产品。

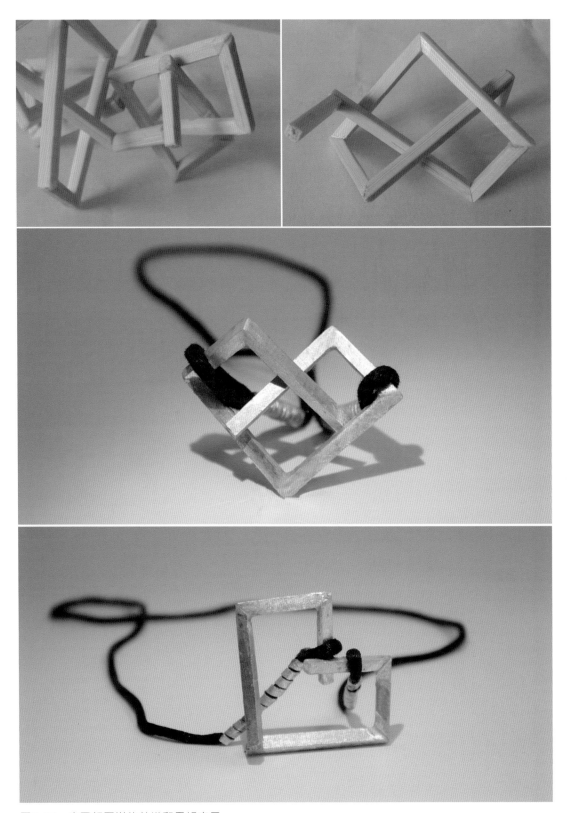

图6.27　廖卫超同学的草模和最终产品

参 考 文 献

[1] [英]蒂姆·布朗. IDEO, 设计改变一切[M]. 候婷, 译. 北京: 北京联合出版传媒股份有限公司, 2011.

[2] [日]原研哉. 设计中的设计[M]革和, 纪江红, 译. 南宁: 广西师范大学出版社, 2010.

[3] [美]Donald Arthur Norman. 设计心理学3: 情感设计[M]. 欧秋杏, 何笑梅, 译. 北京: 中信出版社, 2012.

[4] [英]Robert Clay. 设计之美[M]. 尹弢, 译. 济南: 山东画报出版社, 2010.

[5] [美]Victor Papanek. 为真实的世界设计[M]. 周博, 译. 北京: 中信出版社, 2012.

[6] 温为才, 郭涵, Enrico Leonardo Fagone. 欧亚优秀工业设计案例透析: 从调研、草图到模型的秘密[M]. 北京: 电子工业出版社, 2012.

[7] 辛向阳, 范畴. 方法和价值观, 2012设计教育再设计国际会议讲演录[A], 2013. 5.

[8] 李佩玲, 黄亚纪. 日本の手感设计[M]. 上海: 上海人民美术出版社, 2011.

[9] [日]原研哉. 白[M]. 南宁: 广西师范大学出版社, 2012.

[10] [德]赫伯特·林丁格尔. 乌尔姆设计: 造物之道[M]. 王敏, 译. 北京: 中国建筑工业出版社, 2011.

[11] [美]Kevin N. Otto, Kristin L. Wood. 产品设计[M]. 齐春萍, 宫晓东, 等译. 北京: 电子工业出版社, 2011.

[12] 陈根. 塑料之美: 造型·结构·质感[M]. 北京: 电子工业出版社, 2010.

[13] [美]Cagan Jonathan, Vogel Craig M. 创造突破性产品: 从产品策略到项目定案的创新[M]. 辛向阳, 潘龙, 译. 北京: 机械工业出版社, 2004.

[14] [英]Richard Morris, 产品设计基础教程[M]. 陈苏宁, 译. 北京: 中国青年出版社, 2009.

[15] 王序. 黑川雅之的产品设计[M]. 北京: 中国青年出版社, 2002.

[16] 杨明洁. 以产品设计为核心的品牌战略[M]. 北京: 北京理工大学出版社, 2008.

[17] 杨明洁, 黄晓靖. 小产品大创意: 礼品与时尚产品设计[M]. 杭州: 浙江人民美术出版社, 2009.

[18] 沈杰. 理解与创新: 体验产品设计的思维激荡[M]. 南京: 江苏美术出版社, 2007.

[19] [日]田中一光. 设计的觉醒[M]. 朱锷, 译. 南宁: 广西师范大学出版社, 2009.

[20] [美]Edson J. 苹果的产品设计之道: 创建优秀产品、服务和用户体验的七个原则[M]. 黄喆, 译. 北京: 机械工业出版社, 2013.

[21] 夏进军. 产品形态设计: 设计·形态·心理[M]. 北京: 北京理工大学出版社, 2012.

[22] 张凌浩. 符号学产品设计方法[M]. 北京: 中国建筑工业出版社, 2011.

[23] 韩然, 吕晓萌, 靳埭强. 说物: 产品设计之前[M]. 合肥: 安徽美术出版社, 2010.

后　记

从开始决定做这本书到完成，一直诚惶诚恐，算是对自己之前的教学的一个总结吧。

拖拖拉拉的两年总算把内容弄完了。

中间做了好多事。比如和各种朋友的交流，各种设计实践项目的介入，各种会议和活动的参加，以及无孔不入的信息产品如微博、微信等带来的资讯和影响。

这些产生于生活、工作、娱乐、社交中的各种思想和观点，都对于这个总结的内容产生了或多或少的影响。

刚刚我在微博上看了一个帖子，为什么Surface RT失败了，iPad却没有？我登录了36氪网站，浏览了这篇文章。文章提及Sarah Rotman Epps，来自Forrester Research的平板领域的分析师的观点，"太多的选择只会让消费者受不了……在这个市场，微软将成为它自己最差劲的敌人，更别提苹果和Google了。苹果知晓这一点，它给出的选择只有：连接方式，存储容量，黑色或者白色。"

在今天的微博中，另一个最让我关注的消息是广州美术学院"工业设计"专业招收理科生的录取工作已结束，结果远超预期，有不少上"一本"线的考生填报了广美的工业设计专业。这是给了广美工业设计专业招生模式改革一个成功的明证。

我想这是做设计，做设计师，做设计教学都必须要认识到的一点，那就是选择。比如你选择什么职业，你选择怎么去完成一个设计任务，你选择做一件什么产品，选择如何去表现你的设计。

在这样一个信息过剩的时代，我们可以选择什么样的内容去充实一门课程？

这本书里面的范例大多来源于教学实践中的学生作品，也有一些是近年来的各种奖项中的获奖作品，还有一些是知名设计师的经典作品，在此对于所引用案例的作者一并表示感谢。

感谢北大出版社几位编辑老师的支持和鼓励。

这只是一个课程教学工作的总结。纰漏之处，请读者不吝赐教。